料理研究家的
廚房小事百科

有元葉子◎著　葉韋利◎譯

・前言・

讓下廚成爲開心、輕鬆的事

做菜這件事呢，保持心情愉快就會愈來愈進步。開開心心去做非做不可的事情，是一種正面的心態。每當有疑問或煩惱產生，正是讓人邁向廚藝精進的第一步——抱持著這樣的想法，我想藉由這本書，將平常在廚房裡運用到的小祕訣傳授給你。

首先，我要回答三個最常遇到的問題。

Q
01

天天都得忙著料理三餐，怎麼樣才能輕鬆做菜？

就日常料理來說，簡單炒個時蔬就好了。

白飯、湯品、作為主菜的肉類或魚類、配菜……若想要規劃出百分之百理想的菜單，做菜就會變得很辛苦。其實平日的三餐不用吃得這麼豐富，只要挑選當季的蔬菜，熱炒或紅燒就行了。蔬菜裡再加個油豆皮、小魚或肉類，營養就很足夠。最後，如果覺得煮味噌湯或其他湯品太辛苦，餐後只準備一杯焙茶也沒有什麼不好。我在家吃飯大概都是這樣。

至於飲食均衡這件事，試著把眼光放得長遠一點，這樣在做飯時會比較輕鬆。不要用一頓飯來衡量，而是以一天、兩天整體來看，能吃到肉類、魚類、豆腐、雞蛋等蛋白質，還有蔬菜、海藻、穀物等多種食物，那就沒問題了。

在為了今晚要煮什麼而大傷腦筋時，從當季食材來思考也是個好方法。雖然現在四季的分界好像愈來愈模糊，但仍然有每個季節好吃的食材。學習了解「什麼是當季食材？」的態度也很重要。美味、營養、又便宜，再也沒比這個更好的食材了。

即使是全年都買得到的海瓜子，在春天的肉質就是格外飽滿肥美，滋味鮮美，特別好吃。在鍋子裡加入海瓜子和水，加熱到海瓜子的殼開了以後，再放入味噌並煮至化開，光是這樣就能做出一碗非常美味的味噌湯。剛煮好的熱騰騰白飯，配上一碗海瓜子味噌湯，這就是日本人在春季的一大享受。

夏天有小黃瓜和番茄，秋天是好吃的薯類和各種菇類，冬天的綠色蔬菜和蘿蔔等等，這些在盛產季的蔬菜，即使不用花太多工夫料理也很好吃。調味上只需撒點鹽或沾些醬油就可以。小松菜和油豆皮簡單熱炒，用醬油調味，這道菜每到秋冬我幾乎天天都吃，因為實在太美味了。

家常菜就像這樣，只要挑選新鮮的好食材，用簡便單純的方式調理就行，不需要大費周章，這樣做反倒會更好吃。而且當季食材營養豐富，對身體更好。

Q
02

每次做晚餐都會手忙腳亂，如何改善？

> 花時間跟費工夫的原因是什麼呢？我每天都會思考這個問題，並找出解決方法。

在做菜這件事上，為什麼總是得花上大把時間呢？我建議可以試著從客觀的角度來觀察自己的行動。是因為事前處理食材耗費太多時間嗎？還是受限於廚房動線的問題，使得做菜的效率變差呢？又或者有其他的狀況？令人意想不到的是，有不少人是因為在清洗食材時，一次放了太多在瀝水籃裡，才會導致做菜的作業停頓，沒能順暢進行。

以我個人的經驗來說，「比起後面燉煮、燒烤的階段，其實最花工夫的反而是食材的事前處理，要是這個步驟沒弄好，就會打亂做菜的節奏。」

我經常會找時間事先處理晚餐要使用的蔬菜。小松菜清洗之後，泡在冷水裡讓口感爽脆，再把菜葉和莖部切開，分別放進冰箱；傍晚回家後，油鍋一熱，加入油豆皮，再放進小松菜一起炒就行了。根本連「累到不想做飯」這句話都還沒說完，一盤美味的炒青菜已經上桌。

如果晚上打算做馬鈴薯燉肉，早上就先將馬鈴薯削皮，切好之後泡在水裡，再將整個調理盆放進冰箱；洋蔥也是，把外皮剝掉後，整顆泡在水裡放進冰箱。只要先進行到這個步驟，晚上炒了牛肉，再加入馬鈴薯和切好的洋蔥，用預先冷凍的高湯及調味料一起燉煮，就能做出馬鈴薯燉肉。

規劃廚房動線及收納方式時也一樣，我經常會調整、變換櫃子裡各項物品的位置，「這樣好像比較方便取用。」自己動手調整廚房，用起來更簡潔、方便、舒適，在調整的過程中也能自得其樂。

無論是做菜的節奏，或者是廚房的使用方式，調整時的訣竅可能是一步一步來，而非一下子大刀闊斧。每次察覺到就稍微改善一點，畢竟下廚這檔事沒有正確答案，**親手打造出適合自己，讓自己用起來方便的環境就是好的。**

Q
03

對於調味實在沒有自信

放寬心，不調味也無妨。想著大不了在餐桌上放一只鹽罐就行。

與其煩惱如何調味，更重要的是怎麼把新鮮蔬菜燙到咬起來有好口感。燙得美味的蔬菜，就算直接吃都好吃。只是，拿來配飯的話，還是想要多點鹹味和濃醇風味，因此才會撒鹽、淋醬油，或是拌點油。

我建議調味盡量單純，這樣才能充分品嘗到食材的原味。市售醬料裡往往加入了各種調味料與辛香料，雖然很方便，但無論用在什麼食材上都會變成同一種味道。要享受食材的風味，首先得了解食材本身的味道。這麼一來，自然而然就會朝向簡單調味。希望大家能了解「只用鹽、只用醬油、只用味噌」的美味。

本書就像這樣，針對當季食材以及參考食譜之前的基本概念等與料理相關的各類簡單疑問，一一回答。不過，畢竟還是依據我個人多年下廚的經驗，介紹我自己的作法。希望你能當作參考，並從中找出屬於自己的「正確答案」。

看到我炒白蘿蔔時不特別削皮，但你認為「還是把皮削掉更好吃」，那麼在做菜時請削皮；我平常做菜不太用到砂糖，如果你覺得「我想吃甜一點」，就加點味醂或砂糖，找到屬於自己的味道。只要認為「我喜歡這樣」、「這樣比較好」，就放膽去改變。

像這樣在做菜時用心去感受，「做吃的」就會覺得輕鬆又愉快。沒有什麼既定的規則，只要傾聽自己的感覺，一邊想著該怎麼做最好就行了。

希望這本書能為你在料理上帶來新的刺激。

第一章　挑選．採買

第二章 保存

第三章 調理

第四章 工具與清理

01 第一章

挑選・採買

Q
04

蘿蔔全年都買得到，最美味的季節是何時？

・ANSWER・

冬季和夏季的蘿蔔就像不同種類，各有風味，但要吃水潤多汁的蘿蔔就在冬天。

一整年都看得到的蘿蔔，其實夏季和冬季的吃起來味道完全不同。冬季的蘿蔔比較胖，飽滿水潤，外皮帶有光澤，彷彿從內部散發活力的白皙肌膚。由於富含水分，無論生吃、燉煮都很好吃，堪稱冬季蔬菜之王。至於夏季的蘿蔔則細細瘦瘦，沒什麼彈性，外皮又硬又辣。

近來在店家看到的蘿蔔幾乎都是青首蘿蔔*。從蘿蔔生長的狀況來看，靠近葉子的上半部是從土裡鑽出來，受到風吹日曬，因此外皮較厚，質地也扎實。相對地，下方鑽進土裡的部分，保持水潤，外皮則較柔軟。

如果要像做關東煮那樣，把蘿蔔切成厚片，以高湯慢慢燉煮的話，建議使用冬季的蘿蔔，並選擇上方到中段的部分，燉煮起來最好吃。要磨蘿蔔泥，除了水分含量高，也需要容易磨，使用下方比較好。這裡指的是單從一根蘿蔔的各部位而言，但如果是**冬季的漂亮蘿蔔，哪個部位、哪種作法都好吃**。

夏季蘿蔔的辛辣感比較明顯，正適合用來當作夏天吃蕎麥麵的佐料。此外，因為口感脆，用來做米糠醬菜也好吃，帶點微辣感，在夏天會覺得特別美味。

*編註：在日本，蘿蔔被稱作「大根」，「青首蘿蔔」是最常見的品種，因與葉柄相連處帶點青色而得名。

左上／一根蘿蔔的上下部分吃起來口感不同。上方綠色部分皮較厚，纖維也粗；下方皮薄，質地柔嫩。

左下／要悶炒的話，蘿蔔就連皮以滾刀切成塊狀。用這類先炒再燉煮的方式，比較快熟，切成大塊才能嘗到蘿蔔的美味。如果要放進味噌湯當配料，就削了皮切成薄圓片再切成粗絲。這麼一來纖維切斷了，吃起來口感就會軟嫩。

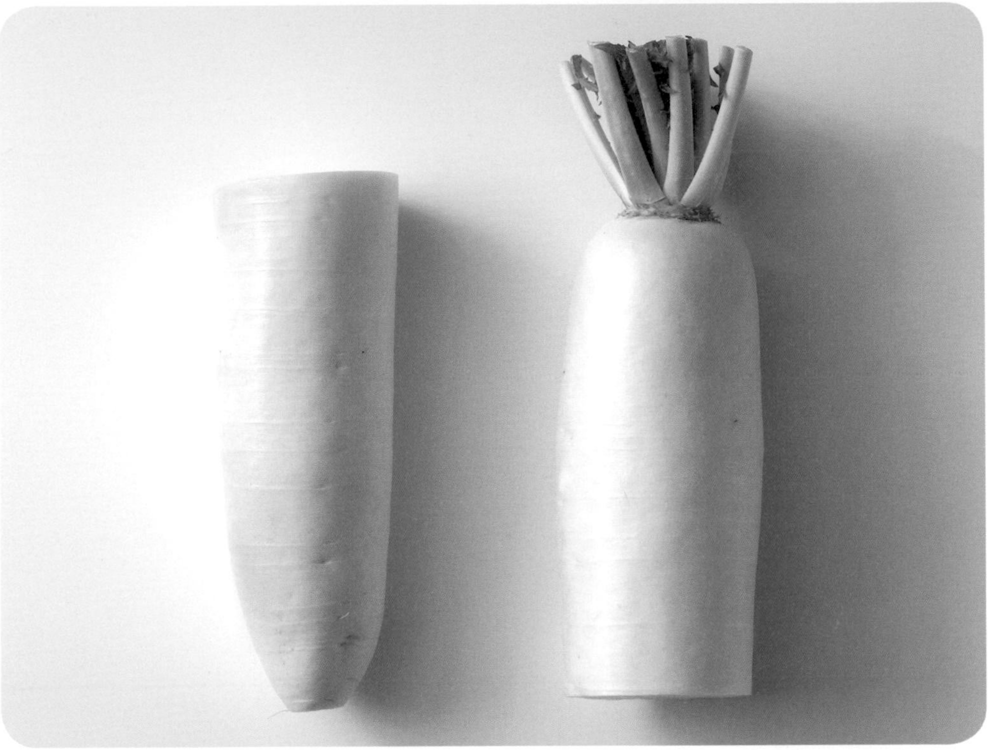

粗絲
連皮切成塊狀

Q
05

製作蘿蔔泥，需要先削皮再磨泥嗎？

· ANSWER ·

先削皮再磨泥。磨泥之後水分不要瀝得過乾，就是蘿蔔泥美味的祕訣。

將蘿蔔切成圓片，觀察切口會發現連著外皮的內側有纖維，這些纖維跟外皮一樣都比較硬。因此，削外皮時要削厚一點，連纖維部分都去掉後再磨泥。這麼一來，就會有口感膨鬆軟嫩、外觀如雪一般的蘿蔔泥。如果不削皮，蘿蔔泥中可能會帶著口感比較硬的部分，若是不介意也無所謂。

磨好之後，將蘿蔔泥連同水分一起倒入放在調理盆內的篩網中。等到要用之前拿起篩網，稍微瀝掉多餘水分就行了。這麼一來，蘿蔔泥中便能保有適當水分，口感較好。千萬不要用力擰。蘿蔔泥不只能當作佐料，還有很多不同的吃法，像是用大量蘿蔔泥來拌燙青菜這類「蘿蔔泥拌菜」，或是用蘿蔔泥拌納豆或年糕的「辣味糕」等，都很好吃。

此外，**削下來的蘿蔔皮千萬別丟掉，可以善加利用**。將蘿蔔皮切成方便食用的條狀，平放在篩子上，找個晴天放在陽台曬上大約三小時。不用完全曬乾。讓多餘的水分蒸發後，口感更好。接著，把曬好的蘿蔔皮裝進玻璃瓶內，倒入大概淹過蘿蔔皮一半的醬油，蓋上蓋子充分搖晃後，放入冰箱保存。也可以加入昆布、薑、辣椒。光是這麼簡單的作法，就能做出非常好吃的醬油醃漬蘿蔔皮。另外，用曬乾的蘿蔔皮來炒油豆皮，味道也很棒。

想不想來一道用大量蘿蔔泥做成的「辣味糕」？烤年糕可以用烤網直接架在瓦斯爐上烤，或是用烤麵包機、小烤箱也行。

辣味糕

① 烤網充分加熱之後，開始烤年糕。
② 蘿蔔削掉厚厚一層外皮，用磨泥板磨出蘿蔔泥，連同水分倒入放在調理盆內的篩網中。等到要吃之前將篩網放斜，稍稍瀝掉水分。將納豆攪拌均勻。
③ 將烤好的年糕盛盤，放上納豆，鋪上蘿蔔泥，最後淋點醬油，沾著年糕吃。

Q
06

爲什麼同一種蔬菜，有時削皮，有時不削皮？

· ANSWER ·

看要做什麼菜。想要帶點口感、香氣，或是呈現原始風味時，就會連皮一起使用。

根莖類蔬菜就屬外皮最有濃郁的香氣。說個大家最熟悉的例子，就是炒蔬菜絲。無論牛蒡或紅蘿蔔，連皮切絲，用油簡單熱炒就好吃極了。爽脆的口感，加上十足的香氣，是一道引人食指大動的料理。

將蘿蔔用在湯品中也是如此，比方煮豬肉片味噌湯時，我多半不會削掉蘿蔔皮。帶皮切得厚一點，不僅方便食用，跟豬肉片味噌湯的濃郁風味也很搭。

若是想在味噌湯裡吃到熬得水潤軟爛的蘿蔔，我就會削皮。這種狀況下，我會先切薄圓片，再一次把幾片疊起來切成細絲。這種目的在於切斷纖維的切絲手法，在日文中稱為「千六本」，以此手法處理的蘿蔔口感講究細緻軟嫩，因此也要削去外皮。

燉煮蘿蔔，像是關東煮或燉蘿蔔，這類講求質地軟爛的料理時，就要把皮削掉。相對地，悶炒的話，就帶皮料理即可。例如先用油熱炒蘿蔔，再加入雞肉燉煮，連皮料理能品嘗到蘿蔔扎實的口感，更為好吃。

外皮是為了保護內部，所以質地相對硬一點，但也會有比較濃郁的鮮甜味。因此，**別拿到食材二話不說就先削皮，也可以試試帶著皮來料理，或者品嘗外皮本身的風味**（見第二十三頁）。

來試試「悶炒」料理。就算蘿蔔不削皮，只要熱炒後再燉煮，也很快就能煮熟。

蘿蔔蒟蒻燒雞翅

① 蘿蔔連皮以滾刀切成大塊。把葉子撕碎迅速汆燙備用。薑削皮後切成細絲泡水備用。蒟蒻事先燙過後撕成方便食用的小塊，並擦乾水分。

② 熱鍋（盡可能使用淺鍋）後倒入適量的油，先加入薑皮和雞翅，煎到雞肉上色後加入蘿蔔，慢慢煎到變色。

③ 加入蒟蒻拌炒，接著加入適量的日本酒和醬油，再倒入可淹過食材的水。蓋上鍋蓋後，以中火加熱，沸騰後將火調弱，燉煮到蘿蔔完全軟爛。盛盤後，撒上蘿蔔葉，最後放上已瀝乾水分的薑絲。

Q
07

常聽到時令蔬菜，
但我總是搞不太懂

· ANSWER ·

就像我們的肌膚能感受到四季變化，蔬菜也會與大自然的循環連動。

春天是植物萌芽的季節。不僅能採到許多野菜，比方從雪中探頭的蜂斗菜等；然後還有像是高麗菜、洋蔥、馬鈴薯、牛蒡等春季蔬菜，這些蔬菜往往有著宛如新生的水嫩感，外觀上顏色較淡，質地也柔軟。豌豆莢、荷蘭豆、四季豆、豌豆、蠶豆等淺綠色的豆科蔬菜，也都是在四到五月進行採收。

到了夏天，就能採收小黃瓜、南瓜、西瓜等葫蘆科蔬菜。茄子、番茄、青椒、糯米椒等茄科蔬菜也是在這個季節出產。這些在梅雨季節藤蔓不斷生長的植物，受到太陽照射後結實纍纍，然後我們就能大快朵頤了。

雖然一年之中隨時都能吃得到小黃瓜，但夏天種在戶外的吃起來就是特別棒。把外皮薄薄削去一層，連皮下都能透出美麗翡翠色的小黃瓜最美味。不過，夏季蔬菜通常水分含量較多，會讓體質變寒，從這個角度來看，在其他季節我就不會特地去買小黃瓜。請大家記得：**夏季蔬菜會讓體質變寒，冬季蔬菜則能暖身**。

秋冬交替之際，正是蔬菜在土壤中成長，等待採收的季節。小芋頭、地瓜、蘿蔔、牛蒡、蓮藕等根莖類蔬菜的產季到了！菇類也是在秋季盛產。

菠菜、小松菜、山茼蒿這些全年都看得到的蔬菜，到了冬天會變得更為粗壯，葉片又大又漂亮。青菜就是要在冷一點的季節才好吃。白菜也是冬天盛產的蔬菜。

Q
08

哪些食材有明顯差異，一定要「當季」才美味

· ANSWER ·

很多。我首推海瓜子。在春季到初夏期間的海瓜子，肉質飽滿，味道也濃郁。

盛產季節的海瓜子格外鮮美，飽滿的蛤肉幾乎占滿整個殼，還有口味濃郁的汁液。至於天氣還冷時的海瓜子，雖然外殼漂亮，但肉質就沒那麼肥厚，汁液也很少。

從春季到初夏這時期，要是不多吃肥美的海瓜子就太可惜啦。本身就很鮮甜，烹煮時不需另外使用高湯，就能做出超級美味的味噌湯或清湯。

把海瓜子浸泡在舔起來類似海水的鹹水裡，讓海瓜子吐沙。接著在調理盤裡倒入約海瓜子一半高度的鹽水，讓海瓜子可以呼吸，最後蓋上蓋子放進冰箱冷藏半天到一晚。這麼一來，就能排出大量的沙子和髒汙，蛤肉會更好吃。

吃的時候，要先將海瓜子的殼與殼摩擦，清洗乾淨，放進鍋子裡裝了水，再蓋上鍋蓋加熱。等到海瓜子殼打開就馬上關火。**想要吃到鮮美的蛤肉，訣竅就是別加熱過久。**

調味上也是盡量單純即可。海瓜子的汁液中帶有些許鹹味，試一下味道後，憑自己的感覺來調整，煮清湯的話，只要再加少量的鹽或醬油，至於味噌湯則加入味噌調味。

Q
09

我沒有買過蜆仔，可以用處理海瓜子的方式來進行嗎？

· ANSWER ·

蜆仔又是另一種不同的美味。我通常在七月左右的產季購買，然後冷凍起來。

海瓜子的產季結束後，接下來就是蜆仔的季節了。蜆仔的產季在夏冬兩季，由於比較小顆，與其吃肉，煮湯更吸引人。味噌湯和蜆仔清湯更不用說了，我特別喜歡用蜆仔當作湯頭的中式湯麵。

蜆仔和棲息在海裡的海瓜子不同，其生長環境是在淡水或鹹淡水交界的區域，因此要浸泡清水來吐沙。把蜆仔放進調理盤或調理盆中，加入水後放在陰涼處或冰箱裡四到五小時。接著，很重要的一點，就是要持續換水幾次，把蜆仔洗乾淨。

將洗乾淨且瀝掉水分的蜆仔放進鍋子裡，加水之後蓋上鍋蓋加熱。等到殼打開時，不用像煮海瓜子一樣立刻關火，而是以小火慢慢熬，讓蜆仔充分釋出精華。蜆仔的量可依照個人喜好，但多放一點會比較美味。

熬出白濁的湯汁之後，記得要過濾一次，因為可能還有些沙子殘留。先試一下味道，要煮清湯就加點鹽或醬油，煮味噌湯則溶入味噌。如果是當作拉麵的湯頭，光用鹽調味就好吃得不得了。只要下一球麵，淋上湯汁也很棒。

我會在產季買蜆仔並將其冷凍起來。只要在吐沙、清洗並瀝掉水分後的狀態下冷凍，使用時不需解凍就能直接下鍋，倒入水之後再加熱即可。這麼一來，即使在產季之外也能吃到鮮美的蜆仔。

Q 10

「新」的高麗菜和洋蔥，與一般的高麗菜和洋蔥，有何不同？

· ANSWER ·

冠上「新」字的蔬菜質地軟嫩，口感和味道也比較溫和。

春天產的高麗菜跟扎實結球的冬季高麗菜不同，質地柔軟，葉片數量少，結球狀態也沒那麼密實，吃起來口感水潤軟嫩，特別美味。很適合生食，或是稍微加熱在接近生鮮的狀態食用。因為葉片少，可以一次就吃掉一整顆。春季高麗菜在市面上出現的時間很短，在初春時要把握機會多吃一點。

同樣地，春季產的洋蔥也是軟嫩多汁，顏色白皙，沒什麼辣味，適合生食。建議你一定要試試生洋蔥做沙拉或是涼拌菜，品嘗這好滋味。能在市面上看到春季洋蔥的時期也很短，是每年春天才有的美食。

邁入夏季之後，這些春季才出現、名稱上習慣冠上「新」的蔬菜就看不到了，換上全年都有的一般高麗菜、一般的洋蔥。當然，這些蔬菜也有它們自己的味道。像是肉醬、咖哩等，往往需要洋蔥小火慢炒下釋出的甜味，這時就要靠一般的洋蔥。尤其是保存時間較長，外皮變成褐色的「老洋蔥」。

至於一般的高麗菜，無論熱炒，或是做成湯品等燉煮料理，加熱後的甜味最吸引人。

Q
11

挑選好吃的番茄，有什麼祕訣？

· ANSWER ·

番茄一整年都看得到，但過了中元節左右，戶外栽種的番茄特別好吃。

現在一整年都可以在市面上看到不同品種的番茄。近年來有很多番茄品種只追求甜味，但**番茄的美味不僅在於甜，還需要帶些酸味**。

其實，番茄原本的產季是夏天。番茄在不斷成長後，好不容易結了綠色的果實，到了夏天氣溫明顯上升時，果實轉紅，逐漸成熟。因此，在中元節過後這段期間，果實轉紅的番茄最美味。

像這種在戶外栽種的番茄，果實拿起來沉甸甸，肉質厚實，甜酸均衡恰到好處，是充滿自然美味的番茄。只要試過一次，就能充分了解哪裡不一樣。

至於要到哪裡找這種番茄呢？保險一點就是到產地附近的公路休息站。有機會到郊外接觸大自然時，可以到設有當地農產品攤位的休息站去看看。就連外型不漂亮，一般不會進到超市的番茄，一吃之下也會出乎意料地美味。不僅番茄，我也很推薦在休息站購買蔬菜。我每次前往信州山區的別墅時，回程的行李全都是在休息站購買的蔬菜。

此外，在網路上直接向農家購買蔬菜或許也是個方法。近年來，我家附近的超市也新設了產地直送的新鮮蔬菜專區。對消費者來說，比起貪圖方便就近購買，努力尋找更好的食材更為重要。

Q
12

菠菜和小松菜，是同一類蔬菜嗎？

· ANSWER ·

完全不同。口味也不一樣。我推薦十字花科的小松菜。

因為菠菜和小松菜都是「綠色蔬菜」，所以很容易被歸為同類，但其實兩者完全不同。菠菜汆燙之後，用奶油熱炒就很好吃，但小松菜做成煮浸小菜*或是熱炒比較美味。兩種蔬菜本身的風味就不同。

菠菜是藜科，小松菜則屬於十字花科。

講到十字花科，我知道很多人立刻聯想到的，是從植株正中央抽出花穗，綻放黃色小花的「油菜花」。這種綻放小黃花的蔬菜據說對身體很好。其他像是青花菜、花椰菜、高麗菜、蕪菁、蘿蔔、西洋菜、芝麻菜等，都是十字花科。這種蔬菜帶點苦味，還有特殊的鮮甜。

十字花科中，又以小松菜清脆的口感最深得我心，在葉菜類少的夏天，唯獨小松菜不可或缺。

把油豆皮乾炒得酥酥的，淋一圈醬油，然後加入小松菜快炒，這麼簡單的一道菜卻是我的心頭好；或者是汆燙小松菜，拌薑汁醬油或蘿蔔泥也很好吃。無論做成煮浸小菜還是加到湯裡當配料，都能保持清脆口感，這就是小松菜最吸引人的地方。

*食材燙熟之後，浸泡在淡味高湯中入味。

先將小松菜浸泡冷水，使口感清脆，稍微擰乾水分後，把葉片和莖部切開。在調理盆裡放入一只篩網，將小松菜放在裡頭，蓋上蓋子放進冰箱。只要早上事先這樣準備，傍晚回到家要做飯時，就能輕鬆不少。

小松菜炒油豆皮

① 油豆皮切成 1 公分寬。
② 在鍋子裡倒入油，將油豆皮炒到上色，再淋一圈醬油。
③ 加入小松菜的莖部拌炒。炒熟了之後再加入葉片，均勻拌炒。小松菜炒得太老會影響風味，炒好請立刻關火起鍋。

TIPS

只需以醬油在油豆皮上調味，這樣小松菜吃起來更美味。

Q
13

馬鈴薯的種類繁多，
該怎麼挑選才好？

· ANSWER ·

可以蒸熟之後嘗嘗看，找出自己喜歡的品種。

男爵品種質地鬆軟，適合做馬鈴薯沙拉或是可樂餅；五月皇后品種口味清淡，久煮不易軟爛，適合做咖哩、燉菜還有馬鈴薯燉肉——過去很多人都這麼建議，但我覺得還是要看個人喜好。我想，應該也有人喜歡吃馬鈴薯有點軟爛的馬鈴薯燉肉吧。

近年來，市面上看得到愈來愈多的馬鈴薯品種。鬆軟香甜的「北明」、味道濃郁的「印加覺醒」、質地溼潤的「安地斯紅」等，每種在口味上都有各自的特色。只是，我認為光是看文字敘述也記不得、搞不清楚，最好的方法就是親自嘗嘗看。

我平常會將馬鈴薯連皮一起蒸熟了吃。其實用蒸的比水煮來得更快熟，而且鬆軟可口。直接用手剝開，撒點鹽，淋上橄欖油或抹點奶油，在簡單調味下嘗嘗看。如果外皮夠軟，也建議一起試試。這樣吃過之後，就能清楚掌握到馬鈴薯的風味，應該可以找出自己喜歡的品種。

對了，春季產的「新」馬鈴薯通常給人鬆軟的印象，其實口感爽脆，味道清淡。春季馬鈴薯的特色是皮薄、容易入口，適合不削皮直接做馬鈴薯沙拉，或是油炸、整顆燉煮來吃。

Q

14

什麼時候的蘋果最好吃呢？

· ANSWER ·

入秋時節。從入秋到年底都算產季。過了新春就沒那麼好吃了。

從秋天到冬季都是蘋果的季節。這段期間有紅玉、富士、王林、秋映（產自信州，是我個人喜愛的品種）等，各個品種陸續採收，輪番上市。

普遍來說，水果放進冰箱就會變得不好吃，但是，爽脆的蘋果本來就很好吃，所以可以放進冰箱冷藏一會兒。當然，採收之後放得愈久就愈不新鮮，最好還是盡早品嘗。蘋果除了直接吃之外，也推薦做成燉蘋果、蘋果果醬，尤其趁著新鮮時進行加工，會比較好吃。對了，**如果蘋果要直接切來吃的話，記得擠些檸檬汁淋上去，不但能避免變色，香氣也特別好。**在防止變色上，雖然也有泡鹽水這種方法，但放一下子蘋果的口感就會變得不脆。

蘋果季結束之後，緊接著就是柑橘的季節。馬上就能看到伊予柑、文旦、檸檬、葡萄柚……各種柑橘類水果上市。從入春到四、五月，最令人期待的就是柑橘和草莓。

春天有草莓、柑橘，夏天有西瓜、桃子，入秋後陸續吃得到葡萄、柿子、梨、無花果，還有蘋果。伴隨著每種水果的產季，很快地一年四季就過去。靠食物來感受季節變換，實在是件愜意又幸福的事。衷心期盼，大自然的循環永遠不會受到擾亂。

Q
15

高麗菜和白菜，是不是買一整顆比較好？

・ANSWER・

蔬菜會從切口開始腐敗。整株、整顆購買能夠保存比較久。

如果能夠一次用完的話，買半顆或四分之一顆的高麗菜、白菜也無所謂，我有時會這樣。不過，若要分幾次才用得完，或是先買了放著，「有庫存才安心」的話，建議還是買整顆會比較好。

蔬菜只要一切開，難免就會從切口開始腐敗。切口因為接觸到空氣，氧化之下會讓蔬菜變質。丟進冰箱不管的話，也會愈來愈不新鮮。

從這一點來看，如果買一整顆，就只有最外層的葉片會直接接觸到空氣，內側的葉片仍能保持新鮮。外層的葉片會自行完整包覆、保護好內層的葉片。

如果特地買了一整顆高麗菜或白菜，記得別在保存時一刀切成兩半，製造出「切口」。使用的時候將葉片一片片剝下來，更能長保新鮮。

一整顆高麗菜或白菜雖然很大，但用報紙包起來放在陰涼處就能保存，置於家中陰暗冷涼的地方或是冰箱蔬果室都可以。

Q
16

買了一大顆或一整株蔬菜，我也沒信心能用完

· ANSWER ·

最好研究能一次吃掉大量蔬菜的方法。鹽漬是相對簡單的作法。將蔬菜搓鹽處理之後，就能輕鬆吃掉很多。

想要一次吃掉大量白菜或是高麗菜，建議用鹽漬的方式。**鹽漬就是把蔬菜先切成方便食用的大小後，撒鹽搓揉，在蔬菜出水後擰乾水分。**鹽的功用是逼出蔬菜的水分，減少體積，並且讓蔬菜釋放出自然的鮮甜。

首先，將高麗菜切成粗絲或是五公分左右的小片狀，放進大調理盆後撒鹽。鹽的用量大約是以蔬菜重量的一・五至二％為標準。當然，若能確實測量也很好，但我都習慣用目測。大致的作法就是「這些分量的鹽用來醃這些蔬菜，差不多會覺得略帶鹹味」。在試味道的同時用雙手攪拌，並且稍微用力搓揉讓鹽滲進去。

一會兒之後，蔬菜開始出水，擰乾水分就能端上桌。此外，淋點橄欖油或是檸檬汁，拌入海苔粉也都很好吃。

不僅如此，把鹽漬後擰乾水分的蔬菜裝進夾鏈保鮮袋，鋪平後在上方放調理盤等重物平均加壓，放進冰箱保存，在鹽分經過熟成發酵之後，就變成香氣十足的醬菜。

介紹一道能一次吃掉四分之一顆白菜的鹽漬食譜。鹽分可以讓白菜的鮮甜完全釋放，是一道簡單又美味的小菜。

鹽漬白菜

① 白菜¼顆，切成方便食用的片狀，放進調理盆裡，撒上白菜重量1.5～2%的鹽。用雙手搓揉拌勻後，靜置一會兒。

② 將滲出的水分擰乾後，把白菜盛盤。依照個人喜好淋點柚子汁，馬上就做好一道下飯的醬菜。

TIPS

把鹽漬過的白菜擰乾水分，搭配豬肉或培根一起炒也很好吃。

Q
17

買了整顆的高麗菜，卻不會剝下完整的葉片

· ANSWER ·

用菜刀在根部的菜芯周圍劃一刀，就能一片一片剝下來。

難得買了一整顆高麗菜，切成一半的話，很容易就從切口腐壞，建議將菜葉一片片剝下來用。

剝菜葉的時候，先把整顆高麗菜放在砧板上，並將菜芯朝上，再用菜刀沿著菜芯周圍劃一圈，就能輕鬆地用手將菜葉一片片剝下來。也可以每次只剝下要用的數量。

提到高麗菜，大家務必要知道一點，就是內外側菜葉吃起來的味道並不相同。

外層的葉片顏色深綠，口感扎實，愈往裡頭質地變得愈柔軟。因此，外側的葉片煮湯、做燉菜，加熱之後有明顯甜味，很好吃。此外，也很適合熱炒。反過來說，內層的菜葉質地柔軟、水嫩，建議用來生食或是做成涼拌菜。一次買整顆高麗菜，就能這樣品嘗到不同部位的美味，是不是很吸引人呢？

Q
18

因爲沒自信能好好用完一大顆白菜，經常就放棄了

· ANSWER ·

大白菜也是一樣，內外層的葉片有不同的美味。不僅如此，就連同一片菜葉的綠色葉尖和白色葉梗的味道也不一樣。最好先了解每個部位美味的吃法。

大白菜和高麗菜一樣，內外層菜葉的味道並不相同。外側葉片有縱向的纖維，吃起來較硬，愈往內層葉片的質地愈軟。

此外，大白菜連同一片菜葉裡也分成爽脆的葉梗，以及軟嫩的薄葉尖，味道截然不同。把葉梗和葉尖分開來吃，又有另一番樂趣。只要切菜的時候將一片菜葉切成V字形，把葉尖和葉梗分開就行了。

葉梗部分，如果想要爽脆口感就沿著纖維切；相反地，想要吃起來覺得軟一點，就把縱向的纖維切斷，切得細一點。要吃大片的話，可以在葉梗較厚的地方用菜刀斜劃幾刀再加熱。

葉尖部分本來就軟嫩，可以切成方便吃的大小，或乾脆用手撕。

大白菜生食做成沙拉也好吃。先把菜梗切成三至四公分，然後沿著纖維切絲，享受爽脆的口感。葉尖用手撕成小片，拌點油，搭配香炒芝麻、醬油和醋一起吃，鮮嫩的口感也很美味。

至於大白菜最外層的兩、三片菜葉，因為有較多的粗纖維，不會刻意用來生食。可以把縱向纖維切斷後切成細絲，加到味噌湯裡煮軟，就是一道鮮甜的湯品。

Q
19

蒟蒻的種類各式各樣，每一種的美味也各有不同嗎？

· ANSWER ·

記得要買生芋蒟蒻。才能品嘗到蒟蒻眞正的好味道。

我超級喜歡蒟蒻。彈牙入味的美味蒟蒻，光是這一味就能成為餐桌上的主角。

蒟蒻的原料是蒟蒻芋。市面上的蒟蒻分成兩類，使用新鮮蒟蒻芋磨泥之後，加入鹼性石灰等凝固而成的「生芋蒟蒻」，以及用乾燥蒟蒻芋粉末凝固製成的「蒟蒻」。後者有時候為了看起來更像蒟蒻，還會添加海藻，讓表面呈現黑色顆粒狀。其實看看包裝袋上原料欄標示，是「蒟蒻芋」或是「蒟蒻粉、海藻」，就能清楚了解是哪一類。

食物當然是愈接近天然的愈好吃，因此我買的時候都選擇「生芋蒟蒻」。用粉末凝固製成的蒟蒻，無論在口感與味道上都不一樣。

要消除蒟蒻特殊的氣味，使用前要先放入冷水煮大約十分鐘。事先煮過也會讓蒟蒻更容易入味。此外，用刀子在蒟蒻表面劃幾道刻痕，或是用手撕開製造凹凸不平的截面，都會比原本光滑表面更容易入味。

另一方面，也可以使用拍打的方式。把蒟蒻放在砧板上，再蓋上一塊棉布避免水分飛濺，然後用研磨棒敲打。這麼一來，就能將蒟蒻搗碎，不但出現複雜的截面，還適度去除了多餘的水分，讓蒟蒻在調理時更加容易入味。

蒟蒻芋主要成分「葡甘露聚醣」(glucomannan,一種食物纖維),特性就是在加入鹼性物質後會凝固。蒟蒻就是運用這種特性製作而成的。

左上/生芋蒟蒻因為加入了芋皮,顏色呈現自然的芋頭色。至於用精製的蒟蒻粉末凝固製成的蒟蒻,因為顏色偏白,有時還會刻意加入海藻使其呈現黑色顆粒。

左下/調理蒟蒻時普遍較難入味,可以用手撕碎,或是用菜刀在表面劃幾道刻痕。比方斜向劃了細細刻痕之後,從反側劃上同樣的刻痕。在正反兩面都劃上格子狀的刻痕後,切成方便食用的大小,做出來的菜色也更加美觀。

生芋蒟蒻
蒟蒻（加了海藻）

Q
20

想在日常飲食中攝取海藻，卻總是找不到機會

· ANSWER ·

我推薦海帶芽。海帶芽也有很多種類。不如就從了解美味海帶芽開始。

首先，我希望你知道，「除了即食的碎海帶芽之外，還有其他種類的海帶芽」。碎海帶芽雖然用起來方便，但沒有厚度，味道與香氣也不怎麼樣。**想要品嘗海帶芽真正的美味，我推薦未經過特殊加工的傳統鹽漬海帶芽，或是乾燥海帶芽。**

鹽漬海帶芽是將海帶芽泡過熱海水後冷卻，再撒上鹽製成；乾燥海帶芽則是在通風小屋內自然乾燥而成。乾燥海帶芽平常在超市不容易看到，但可以透過網路或在物產展上購得。無論是鹽漬海帶芽或乾燥海帶芽，在用來料理之前，都要先泡水十至十五分鐘，把海帶芽泡開才行。

購買海帶芽時，可以用產地來挑選。包裝袋上會標示是產自三陸、北海道或鳴門等地，找出個人喜愛的口味就行了。至於我呢，最喜歡口感脆脆的德島鳴門出產的乾燥海帶芽。

如果買到好吃的海帶芽，光用來煮味噌湯太可惜。還可以用來搭配炒菜、做沙拉，另外也推薦做紅燒魚時，最後在鍋裡加入一大把海帶芽，悶煮一下就可以吃。我甚至會因為想吃拌著醬汁的海帶芽而特地做一道紅燒魚呢！還有啊，海帶芽用油、大蒜熱炒之後，淋點醬油，就成了超級美味的下飯菜。

乾燥海帶芽能長期保存，在沒辦法採買食材時非常好用。只用海帶芽加大蒜，以熱油快炒就很好吃，再打顆蛋也不錯。

海帶芽炒蛋

① 海帶芽浸水泡發，切成方便食用的大小。大蒜切成蒜末。蛋打散備用。
② 平底鍋熱鍋後，倒入適量的油（三顆蛋用 3 ～ 4 大匙油）。一口氣倒入蛋液，用鍋鏟稍微翻一下，立刻盛到調理盆裡。
③ 在平底鍋裡補一點油，加入蒜末以小火爆香後，加入海帶芽拌炒。淋一圈醬油之後，加入炒蛋拌勻，迅速起鍋盛盤。

TIPS

用醬油在海帶芽上調味。炒蛋不調味之下，反倒襯托出鮮甜，更加好吃。

鹽漬海帶芽
乾燥海帶芽

Q 21

好吃的海苔，挑選原則是什麼？

· ANSWER ·

請看產地來挑選。另外，包裝也很重要。

海苔的種類真的也是五花八門，而且個人喜好不同，很難斷定哪一種比較好。我自己會挑不太厚、不太薄，厚度適中的海苔。另外，我喜歡大片的。我家的飯糰一顆就會用上一片海苔，而且可以完整包起來。我用起海苔絕不手軟。

話說回來，我常在想，在日本這個溼度高的地方，為什麼會出現像海苔這樣纖細的食物呢？海苔最好能吃到清脆乾爽的，所以不適合買起來囤積。建議要先調查好附近買得到優質海苔的店家，以便需要的時候能就近購買。

海苔就跟海帶芽一樣，挑選時找好的產地準沒錯。我個人喜歡的是佐賀地區的海苔。購買時記得要檢查一下包裝，因為海苔怕潮溼，最怕包裝不是密封狀態。隨便裝在包裝袋裡的海苔，可以想見品質也是不怎麼樣。

海苔一旦受潮，就算烘乾了也不會好吃。至於海苔的用法，可以撕碎了撒在燙青菜上面拌醬油，或是做便當時鋪在白飯上，總之最好趁新鮮好吃時吃掉。

我家的海苔便當會使用兩層海苔。把海苔撕成一口大小的片狀鋪在白飯上，方便入口。

海苔便當

①先在便當盒裡裝入一半深度的白飯，將撕成一口大小的海苔沾點醬油，然後鋪在白飯上。用調理筷稍微按壓一下海苔，讓海苔緊貼著白飯。

②海苔上方再鋪一層白飯，最上方同樣撒點醬油之後再鋪海苔。

|配菜| 加入以楓糖漿、酒、鹽調味的日式煎蛋捲，以及用剁碎的醃梅乾和清蒸蘆筍、紅蘿蔔、青花菜做成的涼拌菜。涼拌菜也可以改成芝麻鹽口味。由於海苔便當已經淋了醬油，配菜不要再用醬油調味會比較適合。

Q
22

食譜中的「豬肩里肌肉」，可以用其他部位代替嗎？

· ANSWER ·

可以用其他部位代替。不過，要知道各個部位的肉類口味都不一樣。

雖然同樣是豬肉，但在超市的肉類區可以看到不同部位的豬肉，每個部位各有特色。豬肩里肌肉的肥瘦分布平均，里肌肉的邊緣有一層豐厚油脂，中間則是瘦肉。腰內肉是瘦肉，腿肉也是瘦肉比例較高，五花肉則是油脂與瘦肉一層層交錯。

肉要稍微有點肥，加熱後才能品嘗到肉汁，吃起來水潤。反過來說，瘦肉比例較高的話，肉味濃郁，能夠享受到嚼勁。

先了解這些特色，再根據個人喜好選購。即使食譜上用的是「豬肩里肌肉」，但如果你和家人都喜歡瘦一點的肉，就改用腿肉；相反地，要是愛吃肥一點的，也可以用五花肉。只是各個部位的口感和味道都不相同，同一道菜做起來口味會不一樣。此外，例如腿肉要是加熱太久會變得乾柴，烹調時要特別留意使用能煮得軟嫩的方法。

我覺得豬肉裡的油脂很好吃，因此經常使用豬肩里肌肉。但就算同樣是豬肩里肌肉或是五花肉，每一塊的油脂仍多少不同。**重點就是在購買時仔細觀察，挑選自己喜歡的油脂量、分布狀況的肉。**

同樣都是豬肉，味道也會因部位而異。可以依照個人喜好或是料理的特性來選用。

左上／豬肩里肌肉在瘦肉中分布油花，帶著軟嫩與多汁的口感。適合用來熱炒、油炸或煮湯；腰內肉幾乎都是瘦的，味道清爽帶有嚼勁。因為油脂少，適合做炸豬排之類重口味的料理；五花肉則是瘦肉與油脂層層交疊的部位。

左下／用一道菜為例，示範如何使用五花肉。五花肉和蒜末一起下鍋，煸出油之後，用鹽或醬油調味。接著再加入高麗菜或小松菜等蔬菜拌炒即可。

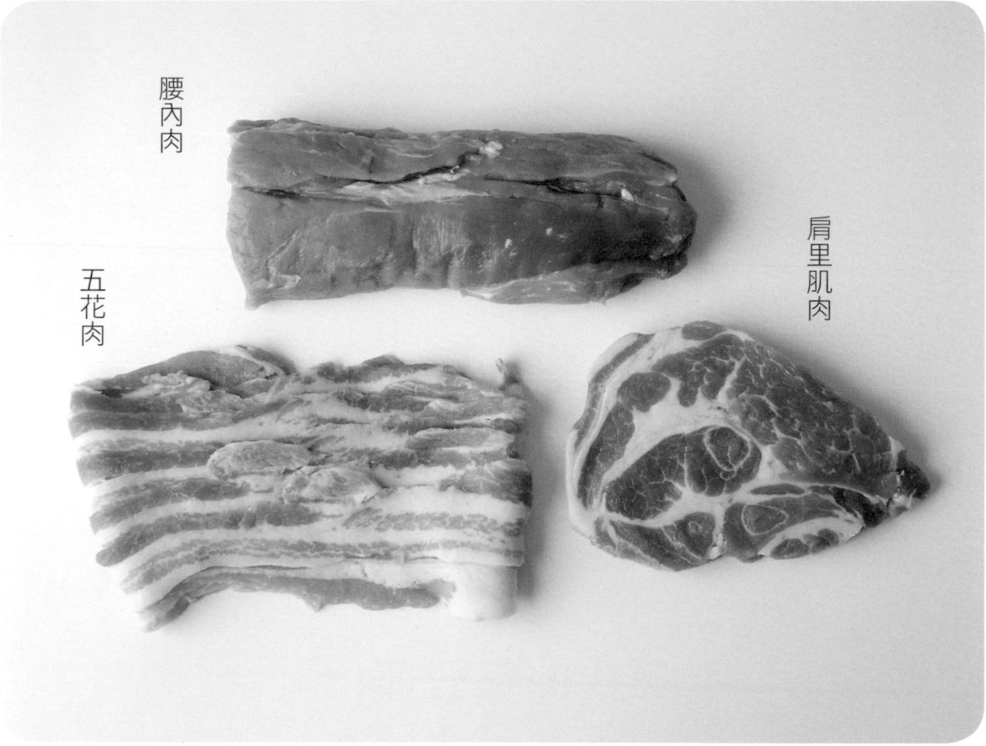
腰內肉
五花肉
肩里肌肉

Q
23

雞肉的每個部位，
有什麼不同？

· ANSWER ·

雞肉跟其他肉類的構造不同。如果了解每個部位的特色，吃起來就會更美味。

雞肉屬於禽類，和其他四隻腳的動物完全不同，肉質和豬、牛類也有很大差異。雞肉有皮，表皮下方有皮下脂肪，但肉裡帶的脂肪並不多。

講到各個部位，你在腦中想像雞的模樣就容易了解。首先，雞腿肉就是大腿的部位，這裡運動得很多，肉質稍微硬一點，但口味濃郁鮮甜，也帶有豐厚的皮下脂肪。

雞胸肉則是胸部飽滿的肉，這裡是活動翅膀的肌肉，脂肪少，味道清爽。我經常用水煮雞胸肉來取雞湯。

雞里肌，指的是雞胸肉內側的兩條肌肉，外型像竹葉，質地軟嫩脂肪少，味道很清淡。

雞翅部分的肉不多，但有豐富的膠質及脂肪。雞翅還能細分成翅小腿、翅腿和翅尖三部分。

相較於其他肉類，雞肉的水分含量較多，因此容易腐壞，最好要趁早吃完。

Q
24

基本調味料，
該準備哪些才足夠？

・ANSWER・

鹽、醬油、醋、味噌、酒。再來是帶有甜味的調味料。只要有這些，什麼菜都能做。

調味料用簡單的就好。有些在鹽裡混入其他東西，或是在醬油裡加入別的醬汁，這類調味料沒辦法運用在很多菜色上，反倒為調味增加了不少難度。

鹽、醬油、醋、味噌，這些遵循傳統方法製作，沒有其他雜質，大家習以為常的調味料最好。酒呢，也不要使用市面上的料理酒，用「喝起來覺得好喝」的酒，光是這樣，就能讓料理的味道大大不同。酒經過加熱，酒精成分揮發之後留下鮮甜旨味，料理需要的就是這個旨味*。

至於帶有甜味的調味料，像是砂糖、味醂，可以挑自己喜歡的。我常用的則是楓糖漿。由於是液態，不需要事先溶解，優質楓糖漿（透光率高的黃金等級）沒有異味，呈現清爽甜味，非常適合搭配醬油與味噌。

鹽、醬油、醋、味噌、酒、帶有甜味的調味料。只要有這六種，幾乎所有家常菜都能做了。如果再加上油，那麼連淋醬、醬汁之類，只要需要的都能做得出來。在用餐前，以幾種調味料做出的淋醬、醬汁，變化十足且都是自然美味。只是不再購買市面上現成的淋醬和醬汁，就能大大改變你的日常飲食。

*編註：一九〇八年時，由池田菊苗博士所發現的，即「酸、甜、鹹、苦」後的第五種味覺。是日本料理中傳統調味的基礎之一。

Q
25

高品質調味料所費不貲，分批添購該以什麼爲優先？

· ANSWER ·

鹽。然後是油。只要這兩種用得好一點，做出來的菜一定會更好吃。

料理調味的基本就是鹽。鹽扮演了最關鍵的角色。

仔細看看鹽的包裝袋，標示了「海水」、「日曬海鹽」的鹽，會帶點黃色或是灰灰的。如果舔一下這類使用自然材料、以傳統方式製作的鹽，會發現不只是鹹味，還有一種說不出來的柔和甘甜。

另一方面，人工精製出的雪白食鹽，舔一口會感覺到刺激的鹹味。有時候也會添加鮮甜的旨味，也就是俗稱味精之類的成分。

做菜時，請你務必使用天然鹽。不只能增加鹹味，料理的味道也會變得柔和有層次。但即使是「天然鹽」，也分成日曬海鹽、岩鹽等不同材料與製造方式，味道完全不同。**最好的方法就是親自試試味道，選用自己覺得好吃的**。除此之外別無他法。

此外，還有一個會讓料理味道變得截然不同的，就是油。

油也是天然沒有混合的最好吃。無論是麻油、菜籽油、棉籽油、荏胡麻油、葵花油、橄欖油、葡萄籽油等，挑選喜歡的原料製成的油即可，重點在於務必選用單一材料且未經過化學處理的油品。仔細看看包裝上的標示，就能知道是怎麼製作的油品。

Q
26

麻油有顏色深淺之分，兩者究竟有何差別？

· ANSWER ·

差別在於材料中的芝麻是否烘焙過。使用煎焙過的芝麻榨出的麻油，顏色較深，香氣也濃郁。

麻油會因為不同製作方式造成口味上很大的差異。

使用煎焙過的芝麻壓榨（加壓榨油）製成的麻油，顏色會是深褐色，香氣也很濃郁。一般來說，各位直覺聯想到的麻油都是這種吧。

至於我自己常用的是外觀沒什麼顏色的太白麻油，包括各類日式料理、熱炒或油炸都很適合。太白麻油是用沒有烘焙過的芝麻，以低溫壓榨方式製成，沒有顏色，也幾乎沒有芝麻香氣。使用這種油並不是想要芝麻的風味，而是因為採用芝麻這種單一原料製成，沒什麼雜味，就能運用在各式各樣的料理上。

煎焙麻油與太白麻油，這兩種麻油並沒有孰優孰劣的問題，只是個人喜好的不同。順帶一提，我如果想要有芝麻香氣或鮮味的時候，就會用「玉締一番榨麻油」這個牌子。這款麻油採用傳統方式製作，以圓球狀的御影石壓榨加熱芝麻，然後再用和紙來過濾，產量非常少，價格也高。

不僅麻油，使用優質材料，慢工出細活製造的調味料也會特別美味，價格自然也比較高。但如果把調味料當作食材之一，偶爾用好一點的調味料，即使是簡單的食材，也會立刻變得好吃。

Q
27

市售橄欖油的價格落差大，為什麼？

· ANSWER ·

原料品質好、採收費工、為了避免氧化在短時間內壓榨所需的人工成本等等，這些都是優質油品價格昂貴的原因。

橄欖的果實採收之後，不經過加熱直接將新鮮橄欖壓碎，分離出油與水分。得到的油就是特級初榨橄欖油（Extra Virgin Olive Oil）。

要能掛上「特級初榨橄欖油」的油品，必須符合嚴格的規定。使用的原料橄欖品質自然不在話下，要是氧化程度太高，就不能稱為特級初榨橄欖油。橄欖採收之後，最晚得在二十四小時之內壓榨，因此一群人必須熬夜工作。除此之外，在山林地保持間隔、悉心栽種的橄欖樹，採收時一律採取手工作業，這些人工成本當然也會影響到價格。好的橄欖油，從土地、樹木照護管理到採收、製造、保存等各個細節都要顧及。

據說價格便宜到嚇人的橄欖油，有很多不同的製作方法。比方說，使用壓榨過一次後的橄欖做為原料，或是混用多種橄欖，甚至添加化學藥品等，總之，想盡各種方法來壓低價格。

品質不佳的橄欖油，質地濃重、聞起來不舒服，感覺油膩膩的。油品經過氧化之後，原本號稱對身體很好的橄欖油該有的優點都不見了。反過來說，**優質橄欖油比起油品，更像是橄欖果汁**。香氣優雅，味道清新爽口。有機會請你務必小口舔一下，感受那股美味。

Q
28

食譜上標示「味醂」的地方，可以用砂糖加酒代替嗎？

· ANSWER ·

不是不行。但味道會有些差別。

市面上的味醂分成「本味醂」和「味醂風調味料」。

像是「三河味醂」這種本味醂，原料只用糯米、米麴和米燒酎，經過大約兩年的時間慢工釀造，將糯米的甜美完全釋放。由於含有酒精成分，必須要持有酒類販賣許可的店家才能販售。

至於味醂風調味料，則是味道接近本味醂的調味料。價格比本味醂便宜，容易取得，因此現在可能比本味醂更普及。不過，跟本味醂長時間熟成後散發出的柔和鮮甜口味，我認為無法相提並論。

無論使用本味醂或一般的日本酒，在做菜時經過加熱就會讓酒精成分揮發，要的是留下來的鮮味。比方說，做紅燒菜時加入味醂或酒，在燉煮的過程中，酒精揮發後鮮味留下，就是這個道理。

味醂其實就是帶有甜味的酒類調味料，也不是不能以酒加砂糖來取代。只是，**味醂和砂糖的甜味並不同，砂糖的甜味比較強烈而明顯，加入料理時要格外斟酌。**

Q
29

食譜上標示的「白酒」，可以用日本酒代替嗎？

· ANSWER ·

日本酒不能代替白酒。但即使沒有白酒還是能做菜。

做菜時用的白酒，主要是透過葡萄酒的香氣與鮮甜，讓食物變得更美味。使用日本酒的話，要的就是米的香氣與鮮甜。即使同樣是酒，但釀造的原料不同，香氣與口味當然也不一樣。

因此，我認為做菜時沒辦法用日本酒來取代白酒，那樣做出來的料理味道就變了。那麼，該怎麼辦呢？這時不妨想一想：「要做的這道菜，酒會對調味或風味有多少影響？」

比方說，在「番茄燉雞」這道菜的食譜裡，標示加入兩大匙的白酒……。由於這道菜主要的口味與風味是來自番茄，那麼即使不加白酒也無妨。

另一方面，如果是「白酒蒸蛤蜊」這樣的料理，白酒就不可缺少。因為白酒是主要調味、增添風味的來源。要是「特地買了新鮮的蛤蜊，但家裡只有日本酒」的話，乾脆改做成日式料理的「酒蒸蛤蜊」。

料理沒有所謂的正確答案，全憑你的想像力。

02 第二章

保存

Q
30

可以久放的蔬菜和很快壞掉的蔬菜，差別在哪裡？

・ANSWER・

水分含量多的蔬菜壞得快。通常都是因為食材中的水分開始腐壞。

馬鈴薯、洋蔥、紅蘿蔔、南瓜、蘿蔔等蔬菜，因為有外皮隔絕使其保持乾燥，通常可以保存得比較久。

另一方面，外皮薄的蔬菜，還有水分較多的蔬菜通常會壞得比較快。腐壞的最大原因就是「水分」。像是萵苣、豆芽這類水分含量高的蔬菜，其中的水分通常很快變質，所以愈快吃掉愈好。

這個道理不限於蔬菜，也可以套用到其他食材。**無論魚類、肉類、豆腐，水分多的都容易壞**。在超市購買包裝好的食材，有時候魚類或肉類滲出的水分會沾在包裝上，如果直接放進冰箱，很快就壞了。因此，如果不是馬上使用，記得要先從包裝袋裡拿出來，用廚房紙巾將水分擦掉，撒點鹽放進調理盤裡，先做些處理再放進冰箱比較好。

至於豆腐，因為幾乎都是水分，基本上就是得盡快吃完。不過，如果頻繁更換清水一定冷藏，可以稍微延長保存。重點是保持浸泡的水一定要乾淨新鮮。

Q
31

菇類的保存方法，是什麼？

· ANSWER ·

保鮮袋要開小洞，不要保持密封狀態。

菇類放久之後，蕈傘內側很快就會變黑，這是因為接觸到空氣之後氧化，菇類中的水分腐敗所致。水分含量高時容易壞。無論蔬菜、魚類、肉類，這些食材都會從其中所含的水分開始腐壞。因此，如果能先去除水分後再保存，就會比較持久。

直接裝進保鮮袋，或是用保鮮膜之類包起來的密封狀態下，菇類會被本身所含的水分悶住，很快就壞掉。所以我買了之後會馬上在**包裝上開個小洞，或是拆封，放到室內陰涼的地方，讓菇類保持在通風的狀態下**。把水分含量多的食物放在溫度高的地方，會很容易繁殖細菌，因此置於陰涼處非常重要。

至於想長期保存的話，我建議把菇類曬乾。將菇類排放在竹篩上，在通風處靜置幾個小時到一天的時間。這麼一來，去除了水分之後，菇類的鮮甜風味更加濃縮，跟生鮮菇類吃起來的味道又不相同。

順帶一提，「乾燥蔬菜」除了菇類之外，其他像是蘿蔔、紅蘿蔔、小黃瓜、茄子、蕪菁、櫛瓜等，各種蔬菜都能做。

Q
32

乾燥蔬菜，
在室內也能做嗎？

· ANSWER ·

可以。訣竅就是吹風。

說到「乾燥蔬菜」，或許很多人想到的是要曬太陽。但其實乾燥蔬菜最重要的是「吹風」。因此，即使在室內也能做乾燥蔬菜。

把切成方便食用大小的蔬菜排放在竹篩上風乾。由於最好是從下方吹風，所以使用的竹篩要選網眼較大的比較理想，而不是吃蕎麥麵時用的那種網眼細的。

把竹篩放在窗邊、陽台之類通風良好的地方。如果沒有這樣的場所，打開電扇吹風也無妨（只是這樣就不會有曬太陽的特殊香氣了）。放在外頭曬乾的話，在傍晚溼氣升高時要收進室內。花很長時間曬得乾癟癟的蔬菜，用水泡發之後也不會太好吃。最好是在天氣晴朗、空氣乾燥的日子，在白天曬上兩、三小時到半天。

曬兩、三小時到半天的這種「半乾燥」狀態下，蔬菜中還留有水分，質地柔軟，不必泡發可直接料理，最好盡快吃完。半乾燥的蔬菜口感好，而且蔬菜的鮮甜更加凝聚濃郁，和平常吃慣的蔬菜有截然不同的美味。調理時也很快就能煮熟。

如果隔天、再隔一天繼續曬，蔬菜的水分會愈來愈少。至於是否已完全乾燥，摸一下應該就知道。如果還沒完全曬乾，摸起來會涼涼的。**完全乾燥後的蔬菜可以長期保存，做菜時只要先浸水泡發就能使用。**

Q
33

根莖類蔬菜要放冰箱，還是常溫下保存就可以了？

· ANSWER ·

一般來說常溫即可。但如果是清洗過的蔬菜，就要放進冰箱。

蘿蔔、紅蘿蔔、牛蒡等根莖類蔬菜，基本上不用冷藏，在常溫下保存即可。過去經常說，常溫保存時要放在「陰涼的地方」。陰涼的地方……但如果是住在高樓大廈的話，有時還真找不到這樣的場所。

蘿蔔、紅蘿蔔，種植時在土壤中都有鬚根，但我們購買時鬚根通常都已經去除。鬚根已除掉，就代表有一些小傷口，有小傷口就容易長細菌，壞得比較快。

在考量保存方式時，很重要的一點就是觀察蔬菜的狀態。然後養成習慣，自行判斷是放在常溫下就可以，還是要冷藏才比較放心。就算是根莖類蔬菜，有時候也要放進冰箱才好。比方說，在夏天，要是把牛蒡先洗乾淨了，我就會放進冰箱。

紅蘿蔔也一樣，清洗之後要放進冰箱比較保險。紅蘿蔔直接裝進塑膠袋會壞得快，應該要從袋子裡拿出來，用報紙之類包好之後再放進冰箱。

Q
34

帶土的蔬菜，
要在常溫下保存嗎？

· ANSWER ·

放在陰涼處保存。記得先用報紙包好。

青蔥、牛蒡、小芋頭、紅蘿蔔等根莖類蔬菜，有時候會以帶土的狀況販賣。通常帶土的蔬菜，因為外表的土壤能保護蔬菜，會比清洗乾淨的蔬菜能保存更久。

如果土壤是乾的，要留意不要太過乾燥。可以用報紙包好，放在陰涼的地方。用報紙包裹蔬菜保存，這是從很久以前就有的前人智慧。**由於報紙的墨水多少含有一些油分，不會讓蔬菜太過乾燥，也不會過於潮溼，**恰到好處。

如果是從產地直接訂購，或是在休息站的市集購買帶土的蔬菜，通常蔬菜上帶的都是潮溼土壤，這證明了是剛採收的新鮮貨，用報紙包好放在陰涼處即可。

Q
35

不建議放冰箱的蔬菜，有哪些？

· ANSWER ·

其實，所有蔬菜不放冰箱都會比較好吃。

現代社會，人人都很忙碌，沒辦法每天抽時間去採買。因為習慣一次購買大量，為了長期保存而把所有東西都放進冰箱，讓冰箱塞得滿滿……這樣的家庭應該不在少數。

以前很少會有「從冰箱拿出蔬菜來料理」這種狀況，買回來的菜就放在廚房角落，需要時直接拿了就煮。如果只買當天或隔天需要的量，確實可以這麼做，但現實狀況卻不容易辦到。

不過，講真的，最好還是少依賴冰箱。你要有個認知，就是**多數食物一放進冰箱就會變得不好吃**。在秉持這個觀念之下，妥善利用冰箱。

整顆高麗菜或白菜都可以放在室溫下保存。雖然最外層的葉片會變軟，但因為有這層變軟的葉片，能保持內部的水潤新鮮，使用時只要把最外層的葉片剝掉就好。

馬鈴薯、小芋頭、甘薯等薯芋類也是，因為澱粉會出現低溫障礙*，變得不好吃，所以千萬別冷藏。其他像洋蔥、大蒜，連夏季都可以在室溫下保存。不過，春天的新洋蔥雖然也是洋蔥，但因為水分含量高，建議放進冰箱。

*編註：由於受到低溫引起的生理障礙，導致品質裂變。

Q
36

小黃瓜、青椒等夏季蔬菜，是否要放進冰箱保存？

・ANSWER・

其實最好不要，但還是要看情況。

這幾年夏季的高溫都超乎想像，因此小黃瓜、青椒都得放進冰箱保存。還有四季豆、櫛瓜也一樣。

蔬菜放進冰箱，完全冰透之後，香氣就會消散掉。如果是購買當天就會吃掉，小黃瓜、番茄這類都不必放冰箱，用冰水冰鎮之後就可以吃。若要放兩三天的話，就放進冰箱的蔬果保鮮室。

番茄放在室溫會逐漸變熟，外表變得紅通通。這種番茄我會拿來熬醬汁或是煮湯。想要品嘗到完熟番茄的美味，也只能趁夏季。**最好多了解一些不將蔬菜放進冰箱冷藏時的吃法。**

對了，講到玉米，最重要的就是新鮮。經常會看到攤子上寫著「早上現採」。如果買回來放著不吃，就會愈來愈不新鮮。最好能買了馬上清蒸或燙熟。在還沒來得及進冰箱之前就料理，然後吃掉。這樣最棒。

Q
37

蔬菜放進冰箱會不小心結凍，怎麼辦？

・ANSWER・

是不是放在吹到冷風的地方？了解冰箱的構造也很重要。

冰箱裡頭各個位置的溫度都不太一樣。也有冷風吹出來的風口。如果把蔬菜放在風口附近，或是容易吹到冷風的地方，有時候會結凍。葉菜類或番茄這種水分較多的蔬菜都容易結凍，受凍的蔬菜就不能吃了。

冰箱的構造因為不同的廠牌與機種，無法一概而論，但通常冰箱內部下方會比較冷。這是因為冷空氣向下，暖空氣上升的特性，此外，愈往裡頭會愈冷。反過來說，靠近外側以及兩邊，很可能比裡頭的溫度高一點。

要先弄清楚家中的冰箱冷風從哪裡吹出來，哪裡最冷，哪裡溫度比較高。**想要有計畫性地使用冰箱，使用者本身的掌握度是很重要的**。此外，蔬果保鮮室通常會比冰箱其他地方設定的溫度稍微高一些，如果有些食物不想冰得溫度太低，就算不是蔬菜也可以放進蔬果保鮮室。

另一方面，不只蔬菜，其他食物也適用，食物在不同的盛裝狀態下，放進冰箱冷藏的效果也不一樣。比方說，放進塑膠容器與不鏽鋼容器的食物，同樣都放進冰箱，但後者會比較快降溫。

Q 38

水果要放進冰箱保存嗎？

· ANSWER ·

可以的話盡量不要放進冰箱。因爲香氣會消散。

我平常購買或是收到水果時，都會裝進大籃子或木碗裡，然後放在廚房、客廳。就像插花擺飾一樣，要吃之前還能先欣賞一番。

水果的魅力在於視覺上的美麗、討人喜歡，以及迷人的香氣。在生活中先享受這些，然後吃了覺得美味的話，就會感覺滿滿的幸福。

水果放在常溫下更能突顯香氣與甜美的滋味。無論蘋果、桃子或柑橘類，一旦放進冰箱，香氣就會變淡。番茄也是。

話說回來，有些食物就是要冰涼才好吃。**想要涼涼地吃，可以在要吃之前的半小時到一小時放進冰箱，或是用冰水來冰鎮。**另外，把切好的水果排放在碎冰上，看起來也很美。不過用這種方式時要留意，不要讓冰塊凍壞了水果。

在炎熱的季節一群人聚會時，我會用大尺寸的方形玻璃花器來盛裝冰水以及多種水果。光是這樣的裝盤看起來就很消暑，大家還可以拿自己愛吃的水果。每次一端出來就能炒熱氣氛，立刻響起歡呼聲。

Q
39

蔬菜只要外表沒有損傷，是不是就都還能吃？

· ANSWER ·

聽起來像廢話，但所有食物都是新鮮的好吃。尤其蔬菜。

蔬菜如果沒有損傷，當然都能吃。不過，放太久的蔬菜就不好吃了。失去了水潤的口感，香氣跟鮮甜都不見了，想當然耳，養分也會損失。這樣的蔬菜，無論燉煮、燒烤、熱炒或油炸，不管怎麼烹調都不會好吃。

話雖如此，要把還能吃的蔬菜直接丟掉，也讓人狠不下心。所以說，一買回來就要趁早吃掉。務必養成這個習慣。

蔬菜跟肉類、魚類不同，在吃掉之前仍然持續生長。買回來的蘿蔔、紅蘿蔔，放久了發現葉片會繼續長，代表了蔬菜持續生長。

新鮮健康的蔬菜照理說也比較營養。放在店裡一、兩天之後就沒那麼新鮮，接著買回家又經過一段時間，鮮度持續下降。只要有這個認知，相信你面對蔬菜的態度也會不同。

新鮮蔬菜就算只是汆燙也能感受到鮮甜，家人還會問我：「為什麼這麼好吃啊？」大自然的力量就是如此偉大。請充分發揮蔬菜的自然活力。

Q
40

燙熟的青菜，
該怎麼保存呢？

· ANSWER ·

基本上蔬菜燙了就要吃掉。如果有剩下的，就要盡快用完。

菠菜、小松菜，這些要一一燙熟好麻煩，青花菜也是，既然這樣不如一併處理，趁有時間時先燙熟、蒸好……。這種心情我了解。不過，燙熟的蔬菜一放進冰箱冷藏，味道就變差了。

蔬菜基本上一燙熟就要吃掉。要帶便當用的青花菜，用小鍋子汆燙需要的分量即可。當然，剩下的青花菜也要盡快吃完。

用青菜做的燙青菜最重視風味，做好的當天就要吃掉。燙青菜只要搭配好吃的醬油、柴魚片、芝麻、橄欖油、海苔、小魚乾、醃梅乾、薑泥、榅醋，可以每天吃都吃不膩。不斷變換花樣，花點心思就能每天都吃到美味的青菜。

話說回來，我偶爾也會碰到燙青菜怎麼樣都吃不完，不得不放進冰箱冷藏的狀況。這種時候我會把青菜的水分擰乾，切成兩公分左右方便食用的大小，然後才放進冰箱。這麼一來，就能直接放進味噌湯或烏龍麵裡當作配料，或是加奶油一起炒，隔天的早餐就吃掉。總之，**剩下的蔬菜也要先處理到「可以盡快吃完」的狀態。**

Q
41

調味料要怎麼保存呢？

· ANSWER ·

醬油、味噌、酒、味醂要放進冰箱。粉類在開封後也要冷藏保存。

醬油、味噌的味道都會隨著時間而改變。醬油在開封之後顏色會變得愈來愈深，香氣也會變化。建議要放在冰箱保存，並且盡快用完。或者挑選小瓶裝，一用完就買新的。

至於酒、味醂，開封之後如果放在高溫的地方，風味就會改變。所以我也會放進冰箱。

醋和油的話，就放在常溫下。鹽和砂糖也是，裝在不會受潮的瓶罐或密封容器保存即可。

麵粉很容易吸溼氣，味道很快就變了。尤其在高溫多溼的季節，更是容易壞，而且常常會長蟲，要特別留意。只要一開封，我都會改裝進密封容器中，然後放到冰箱。

乾燥麵包粉我會裝進密封容器裡冷藏保存。新鮮麵包粉一下子就會發黴，一開封就要冷藏或冷凍。只是麵包粉在冷凍庫又很容易吸取氣味，如何隔絕氣味也是一大重點。我都用兩層夾鏈袋裝起來，完全擠出空氣之後才放進冷凍庫。

Q
42

買了一整塊奶油，如何妥善保存？

・ANSWER・

用鋁箔紙包好之後，放進冰箱冷藏。

我通常都買固定品牌的奶油，而且一買就一大塊，所以會切成四等分，然後分別用鋁箔紙包好再放進冰箱。**用鋁箔紙包起來之外，還要放進夾鏈袋或保鮮盒裡**。

至於為什麼要用鋁箔紙而不是保鮮膜包呢？因為原先的產品也是用類似鋁箔紙的材質包裝吧？這給了我靈感，心想以接近原本的狀態下，奶油比較不會沾染到異味。

雖然也可以冷凍保存，但冷凍庫比想像中來得容易吸附異味，加上奶油又是一下子就會吸味的食物，要特別留意。

奶油最重要的就是香氣。我很喜歡在吐司上塗著滿滿的含鹽奶油，所以很在意奶油的保存。對了，我做菜時一樣使用含鹽奶油。因為含鹽，在調理時先試試味道，可以不用另外加那麼多鹽。

不過，做點心的話我主要還是會使用無鹽奶油。

Q
43

沒用完的小魚乾，該怎麼保存才好呢？

・ANSWER・

由於質地軟，很容易就壞掉。可以分成小份冷凍保存，也建議可事先調理。

完全乾燥的小魚乾雖然保存期限相對長一點，但放久的話味道也會變差。至於半乾燥的小魚乾，因為含有水分會壞得快，放三、四天就發黴。總之，基本原則就是盡快吃掉。

且不論乾燥程度，每次我買大量小魚乾時都會以「抓一把鋪在飯上」的量為標準，分成小份用保鮮膜包好，再裝進保鮮袋裡冷凍起來。

另外，**我建議也可以事先調理**。第一種作法就是醋漬。只要把小魚乾放進瓶子裡，加入蓋過小魚乾的醋就行了。這麼一來小魚乾不容易壞，而且直接就能吃，非常方便。還可以用來拌燙青菜、加到醋拌小黃瓜裡，或是拌飯，用法很多。放進冰箱可以保存大約兩個月。

用相同的方法倒入橄欖油做成油漬。可以抹在麵包上一起吃，或者當作炒義大利麵的配料。這也要放冰箱保存。

另一個作法就是油炸。用一百八十度左右的熱油把小魚乾炸得酥脆金黃，用網子撈起來瀝掉多餘的油，趁熱撒點鹽。放涼之後裝進保鮮容器裡可以在常溫下保存。撒在沙拉或豆腐上，十分方便好用。

Q
44

沒用完的薑一下子就乾掉，變得乾癟癟

· ANSWER ·

用沾溼的廚房紙巾包起來，放進冰箱保存即可。

薑是很容易壞掉的食物，但通常又不可能一次就全部用完。有些人會直接放在常溫下，只是一下子就會乾掉。所以我會用沾水後擰乾的廚房紙巾把沒用完的薑包起來，放進冰箱。這麼一來，就算在乾燥的冰箱裡，也能避免太快變得乾癟癟。

不過，如果是用塑膠袋之類的裝起來，又容易悶了爛掉，要特別留意。此外，溼氣太重也容易讓薑壞掉，所以要用質地厚一點的廚房紙巾，用水沾溼之後再擰乾水分。廚房紙巾之外，用沾溼的報紙也可以。包好之後放在冷涼的環境，就能保存得久一些。

薑可以用在各式各樣的料理中，像是熱炒，或是青花魚之類的亮皮魚燒烤之後，搭配大量薑泥一起吃；切成薑絲一大把鋪在紅燒菜或燒魚上也很棒。薑不但能去除魚腥味，還能提味，**做菜時建議可使用大量的薑，別再把薑只當成佐料，而應該視為一項材料使用。**

用沾溼再擰乾水分的廚房紙巾把薑包好，放進冰箱的蔬果室。這樣就能保存得比較久，也能避免乾掉。放進塑膠袋容易悶壞，只要用紙巾包好，不必另套塑膠袋。

油豆腐佐薑泥醬油

① 油豆腐一塊切成方便食用的大小。平底鍋熱鍋之後倒入油，再將油豆腐放入，以稍弱的中火慢煎。用調理筷翻面讓六個面都煎到上色。

② 取薑一段，削皮之後磨泥。

③ 油豆腐盛盤之後，放上薑泥，最後淋點醬油就可開動。

Q
45

買回來的麵包如何處置，才能維持美味呢？

· ANSWER ·

建議冷凍保存。回烤時採取「高溫、短時間」，就是吐司美味的訣竅。

麵包當然是剛出爐的最好吃，之後隨著時間水分散失，新鮮度也會降低。如果買的分量較多，沒辦法馬上吃完的話，要趁早冷凍起來。

我喜歡的吐司得用訂購的，每次一收到我就會馬上切開，而且一片片分別用保鮮膜包好，放進冷凍庫。

要吃的時候撕開保鮮膜，不必解凍直接用烤麵包機回烤就行了。**要將麵包回烤得好吃，祕訣就是「高溫、短時間」**。無論你家中有的是烤麵包機或烤箱，都設定到最高溫度，然後短時間烤到上色就好。這麼一來，吐司表面就會酥脆，裡頭仍是鬆軟。此外，在烤前用噴霧器在麵包上噴點水霧，更能加強外酥內軟的效果。

我在家裡回烤吐司的方式，是先將烤箱調到最高的三百度預熱。如果使用烤麵包機，同樣設定在最高溫度預熱即可。等到烤箱內熱了之後，放進未解凍的吐司然後朝烤箱內噴水霧，在短時間內將吐司烤到上色。三百度的烤箱，大概不用一分鐘就能將吐司烤得金黃。

我最喜歡在剛烤好的吐司上抹滿奶油吃。平常我的飲食很簡單，唯有吃吐司時很期待奶油香濃豐醇的滋味。

烤得金黃香酥的吐司是早晨最讓人期待的美食。在一天即將展開的此刻，就別管什麼熱量了！將吐司抹上滿滿奶油，接著再加碼當季的果醬，大快朵頤。

左上／麵包最講究的就是新鮮。趁著新鮮好吃時用保鮮膜包好，放進冷凍庫。

左下／吐司不需解凍可直接回烤。用高溫烤麵包機或烤箱，設定短時間烤好。

Q
46

用保鮮膜包食物時，有什麼訣竅嗎？

· ANSWER ·

總之要將空氣擠出，包得緊密。

原則上，我盡量不想使用保鮮膜之類的用品，但仍有難免需要的時候。究竟為什麼要使用保鮮膜？可以趁這時好好思考一下。

用保鮮膜包食物，最主要的目的就是防止食物接觸空氣而氧化。另外，也能避免食物變得乾燥。

因此無論是肉類或蔬菜，用保鮮膜包食物時如果沒有排出空氣包得緊密，就毫無意義了；如果包得鬆鬆的，有空氣在裡頭就會導致食物變質，尤其是已經切開的蔬菜，包的時候一定要注意不能讓切口接觸到空氣。

有時候拍完照，我會把剩下的食材用保鮮膜包起來，讓工作人員帶回去。後來有人會跟我說：「上次帶回去的蒸玉米，那個保鮮膜我撕好久都撕不下來。好誇張。」也就是說，我在包的時候確實盡量把空氣排除，包得緊緊的。偶爾我在家裡，也會因為拆不掉自己包食物的保鮮膜而大傷腦筋。為了這一點，我現在會在保鮮膜包完之後稍微掀起一小角。

不太想用保鮮膜的我，有時候會用能夠清洗、重複使用的蜜蠟布。

03 第三章

調理

Q
47

燙青菜要好吃，祕訣是什麼？

· ANSWER ·

燙葉菜類的話，盡量用大量熱水，每次放少量蔬菜，迅速汆燙後撈起來。

要燙小松菜、菠菜這類葉菜時，最重要的就是拿一只大鍋子燒大量熱水。在一大鍋熱水裡加一點鹽，然後先放青菜梗，隔幾秒鐘再放入菜葉。接著先夾起菜梗，燙軟的話就可以撈起來。

要是用的鍋子太小，或是水量不夠，燙起來就不好吃。**水量夠多就能迅速燙熟，連帶著就能達到「口感爽脆」**的程度。如果花太長時間，不僅會燙得太過軟爛，口感變差，色澤也不好看。

另一個小撇步是一把青菜分兩到三次，每次少量汆燙。一次太多下鍋，等於將大量冷青菜放入熱水中，會導致熱水溫度下降。這麼一來，就需要多花時間才能燙熟，影響青菜的口感與色澤。所以要少量、多次，讓青菜像是悠游在熱水中的感覺。

等到青菜在熱水中的顏色變得鮮濃就要立刻撈起來，小松菜可以直接放涼，容易有澀味的菠菜則立刻泡冷水，然後再撈起。

Q
48

燙青菜該在什麼時機撈起來呢？

· ANSWER ·

一旦青菜的綠色變得鮮濃，就是起鍋的時機。燙得好的青菜，吃起來的口感就是不一樣。

青菜要燙得好吃，從青菜一下鍋就要仔細觀察。像是菠菜一入沸水就馬上變成鮮綠色，真的差不多就是幾秒鐘時間。**燙青菜的時候，每秒鐘狀況都不同，葉菜類只要一變色就要立刻撈起來。**

小松菜的話，葉梗和菜葉燙熟所需的時間不同，用夾子先夾著菜梗入鍋，隔幾秒再加入菜葉。然後夾起菜梗摸摸看，覺得稍微變軟就可以撈起來，反之就再燙一下，可以像這樣用觸感來確認汆燙的熟度。如果是青花菜的菜梗，也可以用竹籤刺看看，確認是否煮軟。

至於豌豆莢，我會輕輕咬一口確認硬度。這麼說應該就能了解，吃的時候口感有多重要了。

菠菜、小松菜這些葉菜類，要知道燙得好不好，擰一下就知道。用力擰乾水分時，如果纖維會被扯斷，就代表燙得過頭了。即使用力擰了，青菜仍能保持整株筆直，就是最理想的加熱狀態。汆燙得恰到好處的青菜，泡在高湯裡、簡單調味之下，可以充分品嘗到蔬菜的甘甜與微苦，真的好美味。

Q
49

青菜在燙之前需要泡水嗎？

· ANSWER ·

青菜在燙之前記得一定要泡冷水。先讓青菜變得爽脆之後再燙熟，完全是不同等級的美味。

青菜在下鍋燙之前有個很重要的步驟，就是要浸泡冷水，保持新鮮。如果心想「反正都要燙熟了」，然後拿著軟趴趴的青菜直接下鍋，就算這鍋熱水再大鍋，燙好的青菜也會沒香氣、沒口感，一點都不好吃。

採收後經過一段時間，蔬菜會因為缺乏水分而顯得軟趴趴，稍微泡一下冷水就會恢復生氣與新鮮。

冷水呢，冬天的話直接用自來水也無妨，但夏天最好加冰塊。在菜梗的根部用刀子劃十字，於冷水中浸泡一會兒，讓蔬菜變得爽脆。吸飽水分的蔬菜，會將水分輸送到每個細胞內，恢復到像長在菜園時的生氣蓬勃。

經過「回春術」加持的蔬菜，燙熟之後真的好吃多了。香氣濃郁，口感也好，前後的差異令人吃驚。此外，當蔬菜連細胞都吸了滿滿水分之後，似乎能靠自體的水分加熱，很快就能燙熟。

我在想，想要有美味的燙青菜，「首先讓蔬菜恢復生氣」搞不好比要不要在沸水中加一撮鹽來得更重要。而且，這個原則當然不限「氽燙」，其他像是熱炒、油炸甚至生食，也都是同樣的道理。

想吃到好吃的燙青菜，在下鍋前先將蔬菜泡在冷水裡，讓青菜恢復像在田裡時的生氣蓬勃，這一點十分重要。

左上／無論是小松菜、菠菜或青江菜，記得都要先用刀子在菜梗根部劃十字，再於冷水中浸泡一會兒。讓蔬菜變得爽脆。

左下／燙好的小松菜或青江菜，要迅速撈起來放在篩網上散熱，吹風放涼。

Q
50

蔬菜燙熟後，是不是要泡水比較好？

· ANSWER ·

看情況。一種是要以泡水來去除澀味，一種是不想讓蔬菜變得過熟。

其實不是每種燙青菜都需要泡水。講到要泡水的，首先想到的就是菠菜。因為汆燙之後要藉由泡水來洗掉澀味。

豌豆莢，我也會過個冷水，再迅速撈起來。由於豌豆莢很快就熟，汆燙之後撈起仍然會因為餘熱而變得過軟，藉由過冷水的方式來迅速降溫，可以避免餘溫繼續加熱。

此外，如果希望讓蔬菜看起來呈現漂亮的綠色時，也可以泡冷水。浸泡冷水能避免蔬菜褪色。

蔬菜在泡水時，首先在調理盆內準備大量冷水。由於目的是要讓蔬菜迅速降溫，千萬不能用溫水，有一大盆冰水非常重要。

除了上述狀況外，我在燙青菜時不會特別泡水。將青菜從沸水中撈起來之後放在篩網上，然後就置於窗邊等通風良好的地方，使其在網子或篩網上靜置放涼。因為是吹風降溫，蔬菜不會帶過多水分，吃起來更美味。

待蔬菜完全放涼之後，擰乾剩餘的水分，切成方便入口的大小就可以開動了。

菠菜的菜葉一下子就煮軟，記得不要燙太久。燙熟之後迅速浸泡冷水。

左上／挑一只廣口鍋煮沸水，用夾子夾住菠菜放進鍋內，迅速汆燙。

左下／從鍋子裡撈起來後，迅速浸泡冷水，然後撈起。記得要算準時間，燙過的蔬菜要是泡在水裡太久就不好吃了。不過，像寒締菠菜這種莖底呈紅色的品種，因為容易變色，需要泡在冷水裡稍久一些。

Q
51

燙青菜有什麼推薦的吃法嗎？

・ANSWER・

首推搭配高湯醬油來吃。「燙青菜浸高湯」是絕佳美味。

講到燙青菜有哪些美味的吃法，第一個想到的就是配高湯醬油。就算每天吃也不會膩，是和食中很棒的一道菜。

燙好的青菜放涼之後，用力擰乾水分，切成方便吃的四至五公分長段。然後再擰掉一些水分，放進事先準備好的「高湯醬油」（高湯＋少許鹽＋少許醬油）裡浸泡。這麼一來，青菜就會吸飽美味的「高湯醬油」。這樣做好的青菜在口中愈嚼愈能感受到豐富的滋味。

這道燙青菜浸高湯，一吃就知道青菜燙得好不好。燙過頭使得纖維軟趴趴的蔬菜，或是帶了過多水分的蔬菜，都不會好吃。

燙青菜浸高湯就是要浸泡在高湯裡。我會用昆布、柴魚片，先取鮮美的高湯，然後加一點點鹽稍微調味，再用少許醬油來增添香氣。製作高湯時，可以一邊試味道，調整出屬於自己的味道。

當然，燙青菜光是拌醬油加柴魚片也很好吃，但基本上這種是要吃之前才做的。就這一點來說，燙青菜浸高湯要讓青菜吸飽高湯，所以要事先做好。這道菜使用的鹽也很少，是一道能明確品嘗到食材鮮美的料理。我大力推薦。

燙青菜浸高湯是把燙好的青菜浸泡在「高湯＋少許鹽＋少許醬油」的湯汁裡入味。

左上／在調理盤上事先準備好高湯醬油，燙好的蔬菜切成方便吃的長段後擰乾水分，浸泡在高湯裡。把蔬菜的水分擰乾，才能讓蔬菜吸飽美味的高湯。

左下／除了照片裡的小松菜之外，其他像是菠菜、油菜花、山茼蒿、山芹菜、鴨兒芹、豌豆莢、四季豆、青花菜等，任何綠色蔬菜都很適合做成燙青菜浸高湯。

Q
52

除了浸高湯之外，
還有什麼簡單又美味的燙青菜吃法？

・ANSWER・

拌芝麻、拌芝麻鹽，可嘗試增加更多作法。

無論大人、小孩，大家應該都很喜歡「芝麻拌菜」吧。這道菜要做得好吃，訣竅就在芝麻。**不管用的是白芝麻或黑芝麻，在吃之前要先「熱炒」、「磨細」**，這一點很重要。

市售炒好的芝麻，在開封時記得先用手指頭捏一下，檢查香氣。香氣好的話，就可以直接用。要是開封後過了幾天，香氣散掉的話，在使用前可以先用炒鍋或平底鍋乾炒（不放油直接炒）再使用。把芝麻倒入炒鍋或平底鍋，用小火邊搖晃鍋子邊炒。仔細觀察，芝麻在加熱時會稍微膨脹。拿一顆芝麻用指尖捏捏看，如果立刻捏碎且散發香氣的話就行了。

剛炒好的芝麻，再用研磨缽或是「Bamix」這類手持攪拌器打碎，頓時會散發出一股迷人的香氣。至於芝麻要磨到什麼程度，就看個人喜好了。把經過「熱炒」、「磨細」的芝麻，加入醬油等調味料製成「拌料」，和燙熟後切成適當長段的青菜做成拌菜，這就是芝麻拌菜。這道美食有燙得爽脆美味的蔬菜，加上芝麻的香氣。

此外，在磨好的芝麻中加鹽拌蔬菜的「芝麻鹽拌菜」，也是我常做的一道料理。如果一頓飯裡還有其他醬油口味的配菜，那麼這一道芝麻鹽拌菜就能讓口味更均衡。

芝麻拌菜風味香醇，無論配飯或下酒都很適合。記得芝麻在吃之前再磨會比較好吃。

左上／把青菜的水分擰乾。擰得夠乾，才能讓美味的芝麻更加裹滿青菜表面。

左下／在乾炒並研磨好的芝麻中加入醬油，然後再將其加入燙好的青菜。就這麼簡單。除了照片中的菠菜，小松菜、蘆筍做成芝麻拌菜也很好吃。

Q
53

蔬菜該從冷水開始煮，還是用沸水煮即可？

· ANSWER ·

整顆馬鈴薯要從冷水開始煮。但根莖類蔬菜如果切成薄片，用沸水汆燙也無妨。

一般來說，馬鈴薯、蓮藕等根莖類蔬菜多半都是「從冷水煮起」。但如果是切成薄片再煮的話，根莖類蔬菜用沸水煮也沒問題。

馬鈴薯切成薄片或細絲後，想要更快熟的話就先用熱水汆燙。反過來說，要是整顆或切成一半的馬鈴薯，用沸水煮的話很容易只有周圍變軟，裡頭卻很難受熱。所以煮的時候要用蓋過食材的冷水慢慢花時間煮，直到用竹籤可以刺穿才算熟透。

做菜跟在學校念書不一樣。不是聽了「根莖類蔬菜要從冷水開始煮」就死背下來，而是要自行思考「如果要讓這種蔬菜完全熟透、軟爛，該怎麼煮才好呢？」面對各種材料，每次認真設想，這才是重點。

同樣都是蘿蔔，有的很快就熟，有些煮了很久還沒透。用竹籤刺看看，然後自己判斷「今天的蘿蔔質地比較硬，要多燉一下」，也就是與食材對話，這才是做菜的樂趣所在。

Q
54

牛蒡的皮該洗到多乾淨呢？

· ANSWER ·

大概就是「用鬃刷迅速刷過一次」的標準。保留外皮褐色部分，不要全部刷掉才比較香。

牛蒡的外皮帶有香氣。如果把褐色部分全都刷掉的話，等於把牛蒡的香氣都糟蹋了。經常聽人說「用菜刀刮牛蒡外皮」，但身為牛蒡的愛好者，我會把外皮全留下，只清洗掉泥沙。要是把外皮刮掉，牛蒡的吸引力就直接減半了。

我通常只用鬃刷清洗牛蒡。用力刷但動作迅速，以刷掉表皮的髒汙為標準。

要是動作不夠迅速，澀味很強的牛蒡一接觸到空氣就會變黑。因此，洗好切開就要立刻泡進醋水裡。拿一只調理盆裝水，然後加入少許醋，把牛蒡泡在裡頭，沒多久水就會變成淡褐色。

我將牛蒡泡在醋水裡也只泡五分鐘左右。因為泡得太久，牛蒡的香氣與味道就會變淡。五分鐘雖然不能完全去除牛蒡的澀味，但這也是蔬菜鮮美滋味的一環。只要稍微泡一下醋水，讓牛蒡不會變色就行了。

牛蒡從醋水中撈起來就要立刻烹調。切好的牛蒡放太久又會變色，風味也會變差，原則上就是切了要馬上煮。

牛蒡的香氣都在外皮。處理時要注意別讓香氣跑掉。

左上／將牛蒡切成方便清洗的長度，放在水槽裡，在水龍頭下用鬃刷清洗。不需要把外皮刮掉至露出白色部分，大概只要去除表皮的髒汙跟硬皮就好。

左下／用來做豬肉片味噌湯的牛蒡。牛蒡的切口一接觸到空氣就會立刻變色，因此一切好就要泡在醋水裡。

la base

Q
55

蔬菜切完之後要泡水，爲什麼？

· ANSWER ·

各種蔬菜的目的不同。有些是爲了去除澱粉，有些是爲了去除澀味，或是去除辛辣的味道。葉菜類泡水則是爲了讓質地更爽脆。

馬鈴薯泡水是為了要去除特殊的澀味，以及防止變成褐色。此外，由於馬鈴薯含有大量澱粉，藉由泡水去除澱粉，可以防止在烹調時會變成像被糨糊黏在鍋子上。

切開的茄子浸泡鹽水或明礬水的目的是去除澀味，而且如果不泡水的話，也會立刻變色。明礬水是用在大型超市買到的明礬（粉末或顆粒）溶在水裡製成，在清水中加入明礬到差不多變白就行了。明礬水有防止蔬菜脫色的效果，但食材浸泡過明礬水之後，記得要用清水洗淨（否則會留下澀味）。

對了，雖然茄子容易有澀味，但如果是切了（在還沒變色前）就立刻油炸的話，沒泡水也無所謂。在高溫之下加熱會去除澀味，吃起來還是很美味。

至於當作佐料的青蔥或生薑，切絲之後要泡水。這麼一來，辣味就不會那麼刺激。要用之前撈起來擰乾水分，放在主菜旁邊就能端上桌。

萵苣葉浸泡冷水是為了讓口感爽脆。沙拉用的生菜、芝麻菜也是同樣的道理。葉菜類泡水時記得一定要用冷水，用溫水就達不到效果。

Q
56

薑在使用前需要削皮嗎？

· ANSWER ·

如果是切成薑絲，在裝盤時搭配紅燒菜的話就要削皮。但若是加入紅燒菜中一起煮就不削皮。

蔬菜通常在表皮或緊貼表皮下方的部分，都會帶有比較濃的香氣與鮮味。因此，**每次做菜都把皮削掉實在太可惜了，應該視要做的料理分成削皮或不削皮處理**。

例如，做大頭菜燉絞肉的話，我會盛盤後在最上方放一撮切得很細的薑絲。這種狀況下因為不想要外皮較硬的口感，會削皮再切絲，並泡水去除辛辣味，裝盤前瀝乾水分。

另一方面，做蘿蔔燒雞翅時，為了提味，我會加薑一起煮。這時就會連皮切成薑片，突顯薑的風味。

做紅燒魚也是連皮切成薄薑片加入一起煮。燉煮過的薑連皮吃也很美味。不過，如果覺得皮太硬，不喜歡那樣的口感，一開始削皮也無妨，就看個人喜好。

磨薑泥的時候，我會先把皮削掉。但削掉的皮我通常捨不得丟掉，想要物盡其用。所以做紅燒菜要加薑時，也可以只加入外皮增添風味；或是用清水燉雞肉熬雞湯時，薑皮就是去腥的必備品。為了能隨時有得用，可以把削下來的皮以冷凍或曬乾的方式保存。

Q
57

在做不同料理時，
同一種蔬菜的切法爲什麼不一樣？

· ANSWER ·

因爲切法會大大影響口味。

切洋蔥時順著纖維切，或是把纖維切斷，兩種切法的口感與味道都不一樣。順著纖維切，吃起來比較爽脆，更有洋蔥的感覺，至於把纖維切斷的洋蔥，口感則比較軟。

由此可知，蔬菜會因為切法與大小不同，大大改變吃起來的感覺。

通常在炸豬排的配菜裡會有高麗菜絲。切成細絲時纖維也會切斷，使生的高麗菜變得容易入口，這麼一來就能吃下大量新鮮高麗菜，讓吃完油炸料理的後味變得清爽。

另一方面，做高麗菜炒肉時，將豬肉片切成一口大小，高麗菜也是，並不會切絲。

通常蔬菜搭配其他食材熱炒或燉煮時，會切成和其他食材類似的大小、形狀。這是因為同樣的大小與切法，其加熱起來所需的時間也大致相同。此外，這樣吃起來比較方便，擺盤上也美觀。

洋蔥切末和切成梳狀片，兩者的口味完全不同。切得愈大，代表蔬菜的「主角程度」愈高，因此想要完整品嘗到蔬菜口味時就切得大塊一點，或是整個燒烤、燉煮、清蒸。

左上／不同的洋蔥切法。
【切末】纖維都被切斷，容易入口。加熱之後很快熟，洋蔥的甜味與鮮味也比較容易釋放，通常用來為料理提味。
【切梳狀片】能品嘗到洋蔥的甜味與爽脆口感。

左下／像萵苣這類質地軟嫩的蔬菜可以用手撕。用手撕的話，蔬菜的切口不平整，比較容易沾附醬汁，裝盤時的樣貌也更豐富。另外，芝麻菜或各類香草用手撕的話，更能散發香氣。

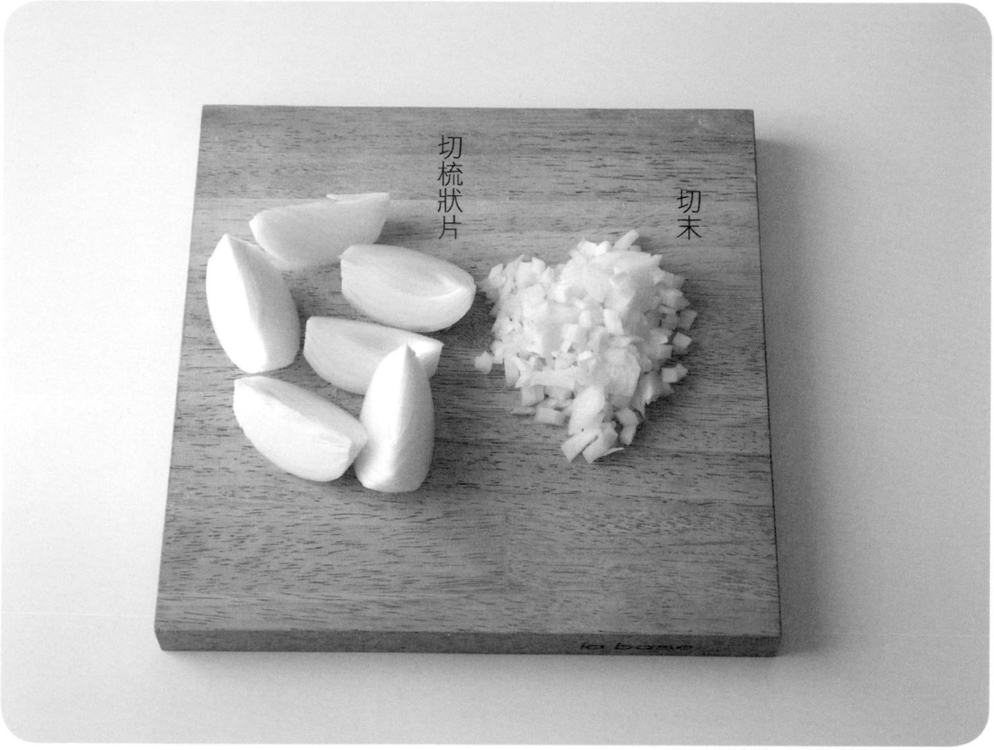
切梳狀片
切末

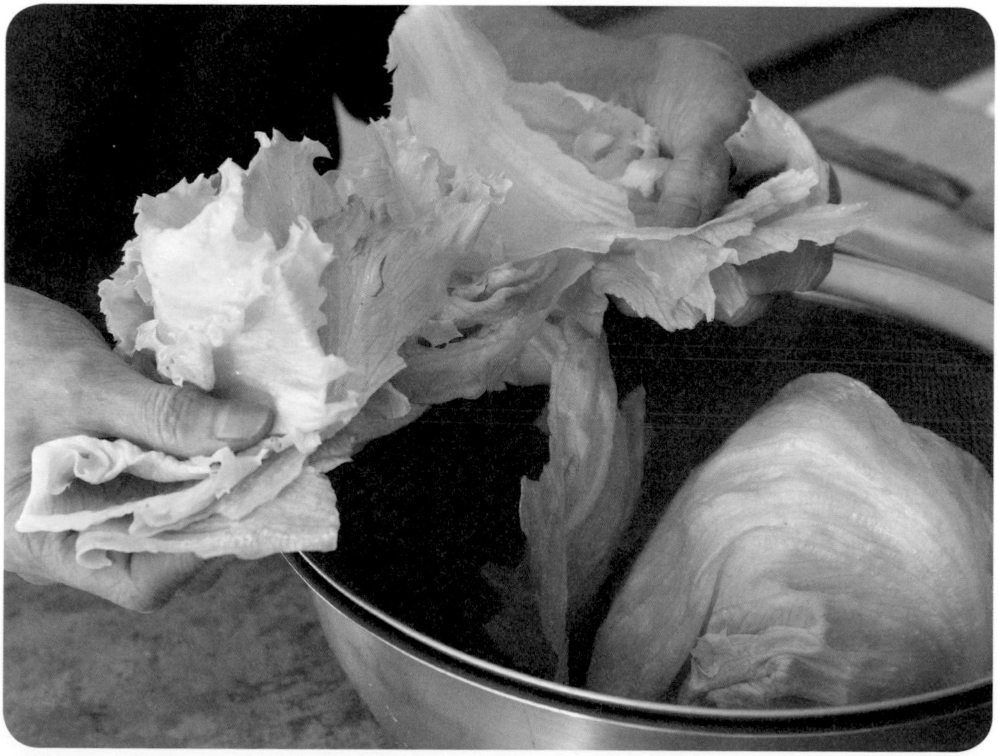

Q
58

每次高麗菜絲都切得太粗，怎麼辦？

· ANSWER ·

有沒有先剝下一片片之後再切呢？要以整顆高麗菜的方式切成細絲太困難了。

我想應該有些人會拿著切成一半或四分之一的高麗菜，直接從一邊就下刀切開吧。如果是熱炒之類的料理方式，切成大片倒是無妨；但要切絲生吃的話，這樣實在有點難處理。

要切出漂亮的高麗菜絲，通常我都這樣做：

先用菜刀沿著高麗菜芯劃一圈，然後剝下一片片菜葉。先剝掉外側兩片菜葉，從第三片開始剝幾片下來，就可以切成細絲。因為這幾片菜葉呈淺綠色，顏色最漂亮，口感軟硬適中，切成細絲生吃再適合不過。

菜葉一片片剝下之後，先把硬的芯切成V字去掉。

接著，將菜葉縱向切成一半，然後再以橫向切成一半，幾片重疊後捲起來，從一側切成細絲。如果事先將菜葉擺放整齊再切的話，就能切出漂亮的菜絲。

另一個重點就是要將菜刀磨利，用鋒利的菜刀來切。使用夠鋒利的菜刀，甚至能夠切出像細線的菜絲。

將高麗菜從外側剝掉兩片菜葉，用第三片之後的菜葉來切絲。

左上／用菜刀將整顆高麗菜沿著菜芯周圍劃一圈，剝下一片片菜葉，把菜葉上的芯切掉。將一片菜葉縱向切成一半，接著橫向再切一半，然後一片片整齊疊好。

左下／把疊好的菜葉捲起來，用手壓好同時從一側切成細絲。

la base MADE IN JAPAN

Q 59

油豆皮在使用前，是不是一定要去油才好？

· ANSWER ·

看情況決定。除了想要煎得脆脆的之外，還是事先去油比較好。

如果是在家附近豆腐攤買回來剛炸好的油豆皮，我會想要直接吃。但是一般在超市等地方購買的油豆皮，買回家時往往已經離製作好有一段時間了。

隨著時間經過，意味著油脂氧化，因此這些油豆皮在加入紅燒菜或味噌湯之前，最好先經過去油的步驟。煮一鍋沸水放入油豆皮，用調理筷壓著汆燙五至六秒，然後撈起來瀝乾水分。有些人的作法是只用熱水淋油豆皮，但這樣沒辦法真正去掉油脂，建議還是要用汆燙。畢竟這個步驟的目的是要去除油分，而且把油去掉之後，調理起來更容易入味。像是要做豆皮壽司的油豆皮，先去除多餘的油分後，豆皮滷起來更加入味好吃。

不過，偶爾也有不預先去油的狀況，就是熱炒或是香煎時。比方說我常做的高麗菜炒油豆皮就是。

在中式炒鍋裡加入油和大蒜，用小火爆香，再加入切成大小適中的油豆皮，煎到香酥。接著淋點醬油，依照個人喜好加入豆瓣醬拌勻。補點油，加入切片的高麗菜，用大火快炒。高麗菜不必調味，搭著吸了醬油美味的油豆皮一起最好吃。這道菜改用小松菜（見第四十二頁）也一樣棒。推薦給大家。

Q
60

大蒜下鍋爆香時，
一不小心都會燒焦

· ANSWER ·

一定要記得冷油、小火。這麼一來，等到大蒜變成金黃色時，就會產生很棒的香氣。

在預熱的平底鍋或是熱油中加入大蒜爆香，一下子就會燒焦，出現不好的氣味。大蒜一旦燒焦就沒救了，得從頭來過。

無論炒菜，或是做義大利麵醬，總之要用大蒜爆香時，記得一定要從冷油加熱。在冷的中式炒鍋或是平底鍋裡加入大蒜，然後倒入油，最後才開火。與其說是熱炒，更像是用小火讓大蒜藉由慢慢加熱的過程，把香氣融入熱油中。

像這樣小火慢炒，大蒜完全熟透之後帶著一點焦香，整顆吃下去也沒有蒜臭味。對了，大蒜在使用之前，要記得把裡頭的嫩芽先去掉。

至於大蒜怎麼切，就看要怎麼吃。比方整盤菜裡都要均勻分布，或是直接吃到大蒜也無所謂，這時就切成蒜末。

如果只是想要有大蒜的香氣，或是不想吃到大蒜，只要輕輕拍碎，在維持整顆的狀態下使用。

切成蒜片則適合用來炒菜或炒義大利麵。

大蒜會因為想要的吃法而有不同的切法。

左上／不同的大蒜切法。

【壓碎】把菜刀刀面放在大蒜上，用拳頭或手掌從上方拍打壓碎。大蒜壓碎之後比較容易剝掉薄皮。
【切片】把大蒜兩頭切掉之後切成薄片，用竹籤將嫩芽去除。
【切末】將大蒜對半切開，並去掉嫩芽，以切口朝下放好。在大蒜側邊厚度上用刀劃兩到三道切痕之後，分別以縱向、橫向切細。

左下／在冷的平底鍋或中式炒鍋中加入大蒜，再倒入油，接著才開火。從冷油以小火慢慢加熱，蒜香就會溶入油中。

切片
壓碎
切末

Q
61

炒青菜有時候口感太硬，有時候卻炒得軟趴趴

· ANSWER ·

是不是一次炒得太多才會這樣？蔬菜和肉分開炒，最後才一起拌炒，這樣會比較好吃。

無論蔬菜或肉類，如果一次處理太多，或是有各種不同的配料，用火力相對弱的家用瓦斯爐通常不容易做得好吃。因為質地較硬的蔬菜要加熱比較久，但其他蔬菜在這段時間就會出水較多，最後整盤菜便容易變得軟趴趴。

這該怎麼解決呢？**如果一次有多種配料時，試著每種分開炒**。比方說，做高麗菜炒豬肉時，通常我的作法是這樣：

先將高麗菜切成一口大小，泡在冷水中使其口感爽脆。在此同時，把豬肉也切成一口大小。取一只中式炒鍋，熱鍋之後倒入油，先加入高麗菜，需要的話也可灑點水，快炒一下後起鍋。在空的中式炒鍋中再添點油，加入豬肉片炒到香脆，淋點醬油調味。高麗菜回鍋拌炒，炒勻後依照喜好撒點黑胡椒。

高麗菜炒得生一點，口感脆脆的比較好吃。高麗菜不需調味，搭配醬油味的豬肉，吃起來更能襯托高麗菜的鮮甜。

要炒一盤多種蔬菜時，我也會分開炒。高麗菜、紅蘿蔔、洋蔥和青椒，每一種加熱到好吃所需的時間都不同，因此分開炒後撒點鹽起鍋，最後再一起拌炒。採用這種作法，每種蔬菜都能加熱到最好吃的狀態，而且顏色也能保持得很美。

要做高麗菜炒豬肉的話，把肉和蔬菜先分開炒，最後再一起拌炒。先將高麗菜迅速快炒起鍋之後，再炒豬肉。

左上／中式炒鍋熱鍋之後倒入油，加入切成一口大小的高麗菜，灑點水並用大火快炒。用一點點鹽調味之後起鍋。在空的炒鍋裡補足油，加入大蒜、薑末爆香，再加入切成一口的豬肩里肌片，用中火炒到香脆，淋一圈醬油調味。也可以依照個人喜好加一點蠔油。

左下／高麗菜回鍋，和豬肉稍微拌炒一下。最後依照喜好撒點黑胡椒。

Q
62

炒麵時經常會溢出平底鍋，不知該如何改善？

· ANSWER ·

我平常會把蔬菜跟麵分開炒，然後各自用大盤子裝盛，要吃的時候才拌勻一起吃。

炒麵的時候會想要加入大量蔬菜吧。想做好吃的炒麵，就要用炒青菜相同的作法，把每種配料分開炒。紅蘿蔔、菇類、高麗菜、豆芽、豬肉、櫻花蝦等，無論什麼配料都好，記得用同一只平底鍋依序分別下鍋炒。

一開始先炒麵。平底鍋熱鍋之後倒入油，把麵煎到表面焦脆，起鍋盛到盤子裡。接下來依序炒蔬菜。先炒紅蘿蔔絲，淋一點點酒，撒點鹽，加熱到恰到好處時就盛到大盤子裡。

然後同樣地，分別將高麗菜、豆芽、櫻花蝦、肉類等炒到恰到好處的口感，在需要的配料裡用鹽和胡椒稍微調味，疊在前面炒好的蔬菜上。最後會有由蔬菜、櫻花蝦等配料一層一層疊起來的一大盤。

將煎得香脆的炒麵盤和盛了爽脆蔬菜的大盤放在桌上，另外拿出醬汁、醋、醬油、豆瓣醬等調味料。然後每個人各自夾取要吃的炒麵到小分盤裡，鋪上炒蔬菜，再依喜好調味拌勻了吃。

有人喜歡醬炒麵，也有人只愛醋加醬油的清爽口味。這是一盤有大量蔬菜且「人人都覺得好吃」的炒麵。

麵和蔬菜分開炒，這樣就能吃到更多蔬菜。

蔬菜多多的炒麵

① 平底鍋充分熱鍋，倒油之後將撥鬆的麵條加入鍋中，在麵條上淋一圈油拌炒，如果有四人分食的話就分成四份，煎到麵條表面酥脆後盛到大盤子裡。
② 在平底鍋中倒油，加入紅蘿蔔絲，淋少許酒拌炒。炒熟之後再加入鴻喜菇，撒點鹽，然後起鍋盛進大盤子裡。
③ 平底鍋裡補足油，加入高麗菜絲拌炒，用鹽、胡椒調味後起鍋，疊到②的蔬菜上。
④ 補足油之後炒櫻花蝦，炒到酥脆時撒點胡椒，鋪到③上。
⑤ 鍋子裡再補點油，加入豆芽，淋點水或少許酒拌炒，撒一點點鹽後起鍋，疊到④上。
⑥ 鍋子裡補油，加入斜切的蔥絲熱炒，然後加入豆苗快炒一下，撒少許鹽後起鍋，疊到⑤上。
⑦ 把①和⑥的大盤放在餐桌上，用小碟子盛醬汁、醬油、醋、豆瓣醬、XO 醬等調味料。每個人自己取要吃的分量到小盤裡，依喜好調味。

Q
63

每次買青椒都用不完，有沒有建議的料理？

· ANSWER ·

做成「金平」的話，一包青椒三兩下就吃光光。想吃調味不甜的「金平」，也推薦用其他蔬菜做做看。

「金平」是一種日式小菜，一般的作法是炒蔬菜絲，並使用砂糖或味醂，以及醬油來調味，但我也喜歡吃「不甜的金平」，經常會做。其中我更推薦用青椒來做「不甜的金平」，真的超好吃，一個人一口氣就可以吃掉一整包。

作法很簡單。青椒切成方便入口的大小，鍋子裡倒油之後熱炒，待青椒表面均勻裹上油時，加入少許酒、醬油並慢慢翻炒，再燜一下，讓青椒稍微軟一點即完成。

這種菜在做的時候不用特別測量調味料。只要觀察一下鍋子裡，判斷「味道差不多這樣剛好」，也就是用「目測」的方式來做會比較好吃。當然，中間要稍微試一下口味。

「不甜的金平」還能用馬鈴薯、芹菜、小松菜、蓮藕等蔬菜來做。也可以用鹽來代替醬油，或是加入小魚乾，又有不同的滋味。

至於要將牛蒡或是紅蘿蔔做成「金平」的話，還是加點味醂，稍微帶些甜味會比較好吃。總之，任何蔬菜只要切絲，用油熱炒調味之後，都能做成「金平」。想要一次攝取大量蔬菜，做這道料理最適合。

基本上，只要是用油炒青菜，並且用醬油之類調味的料理，我自己都會稱為「金平」。有機會請你一定要試試做「不甜的金平」。

紅蘿蔔金平

① 紅蘿蔔斜切成粗絲。
② 鍋子加熱之後倒油，紅蘿蔔絲下鍋炒。
③ 用目測方式加入酒、味醂、醬油調味。炒到保留一點口感就起鍋盛盤，別讓鍋子的餘熱把紅蘿蔔絲加熱過頭。最後可依照喜好撒點芝麻。

青椒金平

① 用菜刀在青椒蒂下方劃幾刀，然後將青椒縱向切開。這麼一來就能讓籽連在蒂上一起去掉，不會讓籽散得到處都是。此外，如果是新鮮青椒，連籽一起吃也無妨。
② 鍋子加熱之後倒油，青椒下鍋炒。
③ 等到青椒表面均勻裹上油之後，以目測方式加入酒、醬油。青椒用少許醬油炒起來比較好吃。炒到保留一點口感就起鍋盛盤，別讓鍋子的餘熱繼續加熱到青椒變得太軟。

Q
64

如何在食材上均勻撒鹽呢？我老是失敗

· ANSWER ·

從某個高度分成多次，一次撒一點，就會成功。

無論肉類或魚類，在調理之前先撒點鹽調味，會讓料理的口味更立體有層次。此外，不沾粉、不裹麵衣直接炸蔬菜時，通常一起鍋都會撒點鹽，「撒鹽」在烹飪上是個很重要的步驟。

撒鹽時要將手遠離食材，從一定的高度往下撒。如果能從較高的地方以輕搓指尖的方式來撒，就能撒得均勻。

鹽不要一次抓太多，每次一小撮。用拇指、食指、中指這三根手指頭輕輕抓「一小撮」。如果怕攝取過多鹽分，可以試著抓一撮放在盤子裡，秤秤有多重，其實比想像中來得少。

比方說，要在一塊肉上事先調味時，抓一小撮鹽從肉上方二十五公分左右輕撒。這時候，讓手指之間輕輕摩擦，藉此讓鹽一點一點落下來。另一個重點就是別光顧著指尖，眼睛要看著鹽落下的肉上。一邊看著肉，確認還沒有撒到鹽的地方，稍微移動一下手指的位置。

做沙拉時，也是用同樣的撒鹽手法，調理盆裡放入蔬菜之後，倒入油、醋，撒胡椒稍微拌一下，最後從高處撒鹽，然後輕輕拌勻。調味料以目測估計即可。用這種方法作沙拉，就算只用少量的鹽，也能襯托出蔬菜的美味。

Q
65

為什麼魚在撒鹽之後要靜置一下？肉類也需要靜置嗎？

· ANSWER ·

魚在撒鹽之後會排出多餘的水分，肉質變得緊緻，會更好吃。

魚在調理前要撒鹽。撒了鹽之後靜置一下，可以讓多餘的水分排出來，魚肉變得緊緻，吃起來更鮮美。

尤其像沙丁魚、竹筴魚這類青皮魚，鹽撒得足就會好吃。魚頭切掉之後，把內臟清乾淨，用水洗淨之後擦乾水分，放到篩子上，將魚的兩面撒滿鹽。挑顆粒細一點的鹽，就能撒滿整片魚肉。

撒鹽之後放進冰箱靜置十五分鐘左右。十五分鐘後，從魚肉排出的水分會將鹽溶解，接著再用廚房紙巾把多餘的水分擦掉。

要以鹽烤方式調理的話，烤之前在魚肉上再撒少許顆粒粗的鹽。**一開始撒的細鹽是要讓魚變好吃的鹽，之後撒的粗鹽則是增添鹹味的鹽。**能品嘗到烤得微焦且顆粒明顯的鹽之美味。

魚肉撒鹽的方式，用在魚片上也一樣。在兩面撒鹽之後放進冰箱。不過魚片會比較快排出水分，靜置十分鐘即可。

多數人在預先調味肉類時也會撒鹽，但如果是有點厚度的豬肉或牛肉，我建議不要事先調味，加熱之後再沾好吃的鹽來吃即可。至於水分含量較多的雞肉，撒完鹽也是放進冰箱，靜置一段時間之後，擦掉排出的水分再烹調。

鹽烤魚時分兩階段撒鹽。一開始撒的鹽是要讓魚肉裡多餘的水分排出，也就是讓魚提鮮。在烤之前撒的鹽則是為了增添鹹味。

鹽烤竹筴魚

① 竹筴魚置於盤中，在下方的腹部（頭在左邊的話就是右側腹部）劃一刀，清除內臟，用水洗淨，連魚肚裡頭也要清洗，並將魚肚裡的水分擦乾。
② 將魚放在調理盤裡，從高處在整尾魚上均勻撒上細顆粒的鹽。魚的兩面都要撒鹽。接著放進冰箱靜置 15 分鐘左右。
③ 從冰箱拿出竹筴魚，擦掉多餘的水分。然後在魚的兩面撒上粗顆粒的鹽。
④ 將魚的兩面烤到金黃。

Q
66

雞胸肉該怎麼調理，才能輕鬆又好吃呢？

· ANSWER ·

用酒蒸的作法就很好吃。這是我常做的常備菜。

我經常吃雞胸肉。我推薦酒蒸比汆燙更美味，而且蒸好浸泡在湯汁裡冷藏保存，肉也不會變得乾柴，吃起來水嫩多汁。

我覺得雞胸肉盡量挑小塊且薄一點，肉質相對扎實好吃。太大塊的雞肉吃不出細緻的風味。

雞胸肉連皮一整塊稍微撒點鹽，放在調理盤或大盤子裡。然後淋上稍多的日本酒，等到蒸鍋開始冒出蒸氣時就放進去蒸。如果肉的厚度比較薄，大概五分鐘就能熟透。可以摸摸表面，覺得還太硬就繼續加熱。不過蒸過頭會讓肉縮水，蒸個五至十分鐘確認熟了之後就記得關火。

雞肉就放在湯汁裡靜置放涼。這麼一來，雞肉就能保持多汁。放涼後移到保存容器中，雞肉仍持續浸泡在湯汁裡，再放進冰箱。

如果沒有蒸鍋，也有其他作法。找一只鍋蓋蓋得緊密的鍋子也能蒸。在鍋子裡加入深度約五公分的水，然後在鍋子裡放入小網篩，蓋上鍋蓋加熱。等到水沸騰冒出蒸氣，就把裝了雞肉的調理盤放進鍋子裡的網篩上，蓋上鍋蓋蒸熟。如果要蒸的食材分量不多，也可以用這個方法。

雞胸肉最推薦用酒蒸。蒸好的雞肉可以剝成細絲，拌入切碎的榨菜丁和青蔥，淋點麻油就是一道美味的涼拌菜。湯汁還能冷凍起來，等到累積一定的量之後當作湯品。

左上／雞胸肉放在調理盤或大盤子上，稍微撒點鹽，再淋上適量的酒。在鍋子裡加入深度約 5 公分的水，放進篩網，蓋上鍋蓋後加熱。等到水沸騰後，把盤子連雞肉一起放在篩網上，蓋上蓋子蒸 5 ～ 10 分鐘（為了容易理解，照片上是水沸騰前的狀態）。

左下／雞肉蒸好之後取出來，浸泡在湯汁裡放涼。雞肉連同湯汁移到保存容器內，將肉泡在湯汁裡，放進冰箱保存。

Q 67

明明雞排表面已經煎到上色，裡頭卻還是生的？

· ANSWER ·

雞排有沒有事先斷筋呢？如果煎整片雞排太困難的話，也可以試著先切開再煎，比較快熟。

煎雞排追求的就是達到外皮酥脆，裡頭飽滿多汁的狀態。雞排想要煎得好，有幾個小訣竅。

首先，讓雞肉回溫到室溫，然後斷筋。仔細觀察雞肉沒有皮的一側，會發現有透明的薄薄筋膜，而且還有一條條白色的筋。用刀子把筋膜和筋切斷。這麼一來，雞肉就能攤平，接觸到平底鍋的面積變大，更容易煎熟。要是沒有斷筋就直接煎，肉會收縮，皮無法緊貼在平底鍋上，也很難煎得酥脆。

如果覺得一次煎整片雞肉很難，也可以切成大塊再煎。這樣就能比較快煎熟。不過，要是切得太小塊，肉汁容易流失，會少了多汁的美味，建議一片雞排切成二至四等分就好。

另一個重點是記得平底鍋要在爐台上移動一下，讓在鍋邊的肉也能均勻受熱。或是反過來將肉在平底鍋中移動，總之要達到受熱均勻。

雞肉要讓有皮的一面先下鍋，煎到皮變得酥脆，周圍受熱之後，再翻面煎肉的那面。蓋上鍋蓋悶蒸，皮就會變軟，所以記得煎的時候不要蓋上鍋蓋。

雞肉先斷筋，讓肉能順利攤平，也可以防止收縮。

左上／雞腿肉沒有皮的一面有薄薄的筋膜，還有白色的筋，用刀尖把筋膜和筋切斷。

左下／雞肉斷筋之後，將一片切成大約四等分，撒點鹽、胡椒，也可依照個人喜好用大蒜、迷迭香事先調味。在平底鍋裡倒入適量的油，雞肉帶皮的一面先下鍋。用中火煎，並不時晃動平底鍋，等皮煎到酥脆之後，再翻面煎肉那一面。

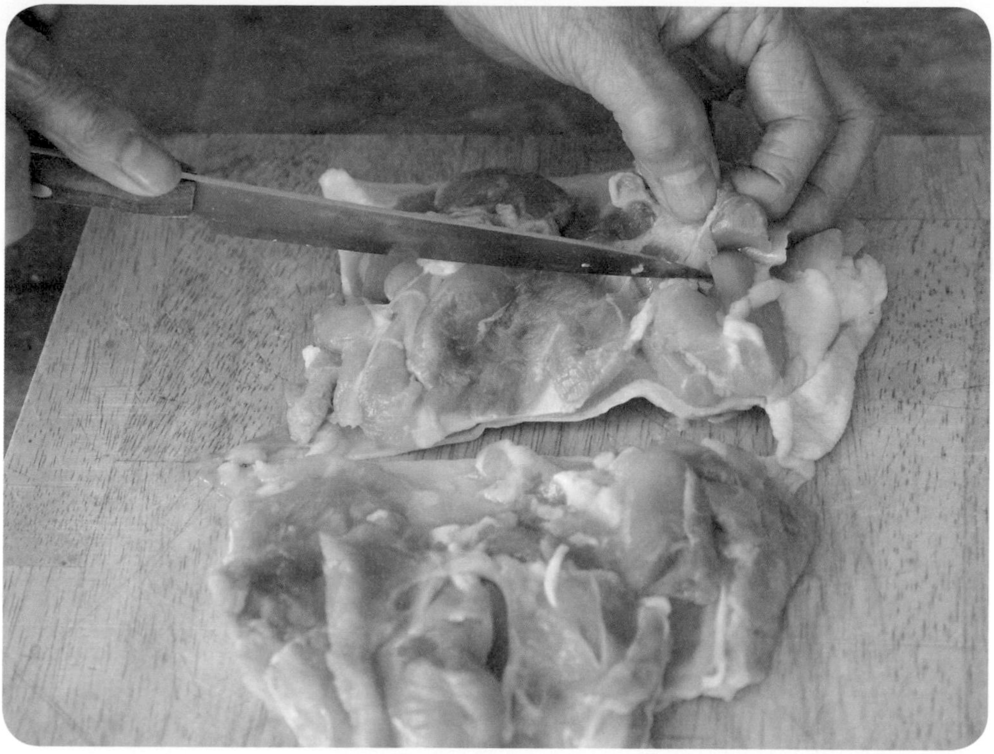

Q
68

一整尾的墨魚該怎麼調理？

· ANSWER ·

處理墨魚要比鮮魚容易多了。我通常都處理好就以冷凍保存。

墨魚一類有很多，像是北魷、槍烏賊等等。

我經常使用的是肉質軟嫩的槍烏賊、赤魷（也稱透抽）。尤其槍烏賊口味鮮甜，價格也親民，無論日式、西式、中式料理都合適，相當方便。

墨魚的處理比鮮魚簡單多了，大概兩分鐘就能完成。

首先，將拇指伸進身體，拉出腳和內臟。拔掉黏在內側的軟骨。接著用指尖將鰭剝下來。至於身體的皮剝不剝掉都無妨。如果要切片生食，就預先把皮剝掉。要是徒手不容易剝掉，也可以用漂白棉布輔助。然後用水將身體內部沖洗乾淨。

將腳從眼睛下方與內臟切離。槍烏賊的腳比較短，吸盤也不大，因此不用特別處理吸盤。把身體、鰭、腳分別清洗乾淨後，擦乾水分，再各自用保鮮膜包好冷凍。內臟和軟骨丟棄不用。

將墨魚冷凍備用，不僅在需要時可以立刻使用，也能藉由冷凍殺死寄生蟲，所以可以切片生食。吃的時候在半解凍的狀態下切片。無論生食、汆燙、熱炒，或是簡單紅燒都好吃。

推薦可用帶有甜味、肉質軟嫩的槍烏賊來嘗試自己處理墨魚。會發現比想像中簡單多了。

左上／將手指伸進身體裡，把內臟和腳拔出來，小心不要壓破墨囊。接著拔出軟骨，並將身體內側清洗乾淨。

左下／從身體剝下鰭，再將腳從眼睛下方切除，清乾淨內臟。要切片生食的話，先剝掉身體的皮之後再冷凍。

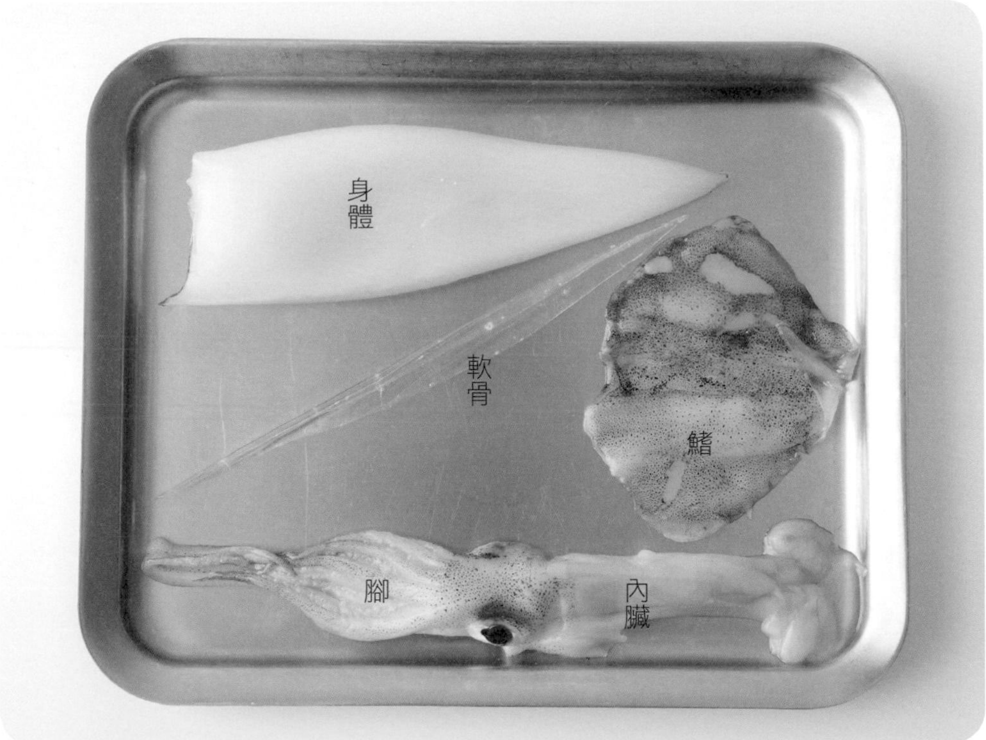
身體
軟骨
鰭
腳
內臟

Q
69

油炸食物時，
該怎麼判斷油溫呢？

· ANSWER ·

只要將調理筷放進油裡，觀察筷子前端冒泡的狀態，就能大致判斷油溫。

要判斷炸油的溫度，只要把乾的調理筷放到油裡就知道。觀察筷子前端，當泡泡緩緩浮上來就是低溫（一五〇至一六〇度），出現大量細微泡泡時是中溫（一七〇度前後），如果筷子一放進油鍋內就大量冒出泡泡則已經是高溫（一八〇至一九〇度）。記得用調理筷攪動一下炸油，讓整體油溫達到一致。

不容易熟的食材要從低溫開始下鍋炸。比方說厚豬排、大塊肉、炸雞塊等。另外像是南瓜、地瓜這種有厚度的蔬菜，也是從低溫慢炸。

用中溫油炸的是相對快熟的食材，例如炸什錦蔬菜餅、薯條、可樂餅，還有竹筴魚、沙丁魚、牡蠣等。海鮮類比較快熟，無論有沒有裹粉都可用中溫油短時間油炸。

至於用高溫迅速油炸的，大概是茄子、四季豆等水分含量高的蔬菜，而且是沒裹粉的狀況。

仔細觀察油炸物的狀態、聲音，發現溫度太高就把火力調弱，或者一直不見上色就把火力調強，隨時調整火力是一大重點。

油在加熱之下會氧化得很快，容易變質。用回鍋油來油炸，吃了對身體不好，油炸時盡量用乾淨的新油。至於使用的油量，以豬排這類有點厚度的食材來說，基本上大概是蓋過食材的用油量。

Q
70

炸豬排裡頭有沒有熟透，真的很難判斷

· ANSWER ·

在低溫下花點時間慢慢加熱就沒問題。

油炸料理其實很簡單。遇到不容易熟或是有點厚度的食材，只要從低溫多花點時間炸就行了。這種狀況下，如果油量較少就不容易保持溫度，因此愈是覺得「不擅長做油炸料理」的人，我建議最好多用一點炸油。

將豬排放入較低溫的油鍋中，不要翻動，靜靜觀察。等到豬排周圍開始冒起泡泡。以泡泡冒出的狀況，以及食材滲出水分時產生的油炸聲來判斷油炸的狀態。**聲音過高，或是泡泡冒出太快太多，都代表溫度上升得太高，必須把火力調整得弱一些。**

等到麵衣炸到上色、變硬之後再翻面。記得只要翻面一次。多次翻面會導致麵衣脫落。重點就是靜靜觀察，耐心慢慢油炸。

炸熟之後，聲音會變得稍微平靜。再調整到弱火之下慢慢炸到熟透，覺得夾起來變輕時就起鍋。接著升高油溫，將豬排再次回鍋，用大火逼出多餘油脂。

Q
71

油炸料理總是不成功。
不是麵衣剝落，就是無法炸得酥脆

· ANSWER ·

無論用麵粉或麵包粉，都要裹得扎實。注意油溫不要過低。另外一個重點是麵衣炸硬之前不要一直碰。

油炸物的麵衣要裹得扎實。首先要用廚房紙巾把食材表面的水分擦乾，接著在表面均勻薄撒一層麵粉。麵粉扮演的角色是為了好好黏著蛋液、麵包粉。如果麵粉太多，會導致某一塊地方的麵衣脫落，反過來說，沒沾到麵粉的話就裹不上麵衣。

以炸豬排為例，先在調理盤上撒點麵粉，放上豬排，再從上方也撒點麵粉。一開始在豬排上沾多一點麵粉，然後用雙手手掌輕拍豬排，把多餘的麵粉拍掉。這麼一來就能在整片豬排上均勻沾上一層薄麵粉。

沾了麵粉、蛋液之後，最後是麵包粉。裹麵包粉時要用雙手壓緊，裹得扎實一點。

豬排要從較低的油溫開始炸，但油溫過低會導致麵衣脫落。以豬排周圍慢慢冒出泡泡的溫度慢慢炸熟。原則上，只要翻面一次。等到正面的麵衣呈金黃色而且變硬之後才翻面。

總之，在麵衣還沒炸到上色變硬之前，不要翻面，也不要一直碰。一直碰會導致麵衣脫落。用調理筷輕輕碰一下麵衣，覺得變硬的話就代表可以翻面了。油炸時的重點就是「仔細觀察」，不要一直觸碰、翻動。

油炸時的重點在於裹麵衣的方式以及溫度調節。只要掌握到這些訣竅，即使炸大塊豬排也能得心應手。

左上／麵粉扮演的功能是將麵衣「黏著」在豬排上。豬排上先沾滿麵粉，然後用手把多餘的粉拍掉，這麼一來就能讓整片豬排均勻沾上一層薄薄的麵粉。接著再依序沾上蛋液、麵包粉，然後下鍋油炸。

左下／觀察麵衣的狀態就能知道有沒有熟透。要炸到表皮金黃，看起來就好吃的顏色。

Q
72

在家往往只會做肉類料理，可以教我簡單的魚類料理嗎？

· ANSWER ·

學幾道能用平底鍋輕鬆做的魚類料理就行了。是大人小孩都會喜歡的口味。

除了鹽烤和照燒之外，魚類還有其他好吃的作法。例如，孩子還小的時候，我經常做一道美乃滋味噌烤鮭魚，他們都很喜歡。

將一片鮭魚切成兩到三等分，抹上用蔥花、美乃滋和味噌調好的拌醬，然後用烤魚爐或小烤箱烤熟即可。就連不那麼愛吃魚的人也會喜歡這道菜。

青皮魚的營養價值高，就這一點來說也建議多吃。我推薦一道可以用平底鍋做的醋煎沙丁魚。這一道也深受家裡孩子們的歡迎，到現在我還是常做。

沙丁魚一整尾或是片成三片都可以。在平底鍋裡倒入適量的油，放入沙丁魚用中火左右的火候慢慢煎。沙丁魚是水分含量多的魚，一整尾煎的話不會立刻上色。記得要耐著性子慢慢煎，不要太常翻動。煎到表面上色之後再翻面，一樣煎到金黃色。

沙丁魚煎熟之後，先關掉火，用廚房紙巾把鍋子裡的油擦掉。接著在魚上塗抹大量芥末籽醬，淋一點醋，然後再開火加熱。等到平底鍋中的芥末籽醬加醋的醬汁均勻沾上魚即完成。芥末籽醬在加熱之後就沒有辣味，還能去除魚腥味跟油膩感。這道菜把魚換成竹筴魚或秋刀魚一樣好吃。

下飯的魚類料理。做起來輕鬆卻很美味。

美乃滋味噌烤鮭魚

① 新鮮鮭魚一片切成二至三等分。青蔥切成蔥花。美乃滋與味噌以2：1混合後，拌入蔥花。

② 把美乃滋味噌醬滿滿塗抹在鮭魚上，用烤魚爐或小烤箱烤到微焦即完成。

醋煎沙丁魚

① 將整尾沙丁魚去掉魚頭，在腹部劃一刀去除內臟，用水沖乾淨。把手指伸進魚肚中，連在中骨上的血合肉也清乾淨。擦乾水分後在兩面及魚肚中抹點鹽，放進冰箱靜置 15 分鐘。切成三片的話也在魚肉兩面抹鹽。

② 平底鍋熱鍋之後倒入適量的油，用中火慢慢煎沙丁魚。煎到金黃之後再翻面煎到上色。

③ 關火之後，用廚房紙巾把平底鍋裡多餘的油脂擦掉。在魚上塗抹大量芥末籽醬，再淋上大量醋（喜歡溫和酸味就用米醋，要酸一點就用白酒醋），然後重新開火加熱，將沙丁魚翻面充分沾上醬汁。也可依照個人喜好撒點鹽調味。

Q
73

製作蛋花湯時，常常都會變得混濁

· ANSWER ·

訣竅就在於靜靜地將蛋液倒入沸騰的湯裡。加點太白粉液就保證不會失敗。

蛋花湯之所以會混濁，就是在湯的溫度還低時就倒入蛋液，或是在蛋還沒凝固時就攪拌。一倒入蛋液就攪拌會使得湯變得混濁，反過來說，等到湯煮滾時再倒入蛋液，蛋就會馬上凝固，不會有鬆鬆軟軟的蛋花。

最理想的狀態是等湯熱到沸騰，但不要到整鍋翻滾的程度，而是調整到表面冒出一層蒸氣即可。加點鹽調味，或是少許醬油增添香氣。接著可以加一點太白粉液。將太白粉用五至六倍水化開，就能做好稀薄的太白粉液，靜靜倒入沸騰的湯裡。一邊攪拌湯汁，一邊倒入太白粉液，不用加到勾芡黏稠的程度。

太白粉液與湯汁完全混合後，靜靜地以畫圓的方式將蛋液倒入湯裡。不要攪拌，靜待蛋像雲朵般鬆軟浮現，然後用湯勺撈起來盛入碗中。

要做出鬆軟輕柔的蛋花湯，祕密就在於加入一點不至於到黏稠的太白粉液。

左上／湯汁加熱後加點鹽調味，再加入用水稀釋五至六倍的太白粉液到湯裡，以不至於產生黏稠感為準。

左下／在加入太白粉液的湯裡靜靜倒入蛋液。不要攪動，靜待蛋花浮上來，再用湯勺盛到碗裡。

Q
74

味噌湯的「最佳狀態」，如何判定？

· ANSWER ·

就在煮沸前的一瞬間。要是煮到滾，就會失去味噌的風味。

味噌湯在高湯一沸騰時就加入味噌化開。把裝了味噌的湯勺放進湯裡，用調理筷慢慢攪拌溶解。如果想喝清爽的湯，不想有味噌顆粒，那麼就把味噌放在小篩網裡，放進湯中溶解。

加入味噌之後，湯就不要再滾了。因為繼續煮就會讓味噌的風味變差，錯過了「最佳狀態」。

味噌湯的「最佳狀態」指的就是在湯中溶解味噌後，眼看著味噌湯就要再次沸騰的那一刻，也就是沸騰前的瞬間。一旦煮到滾，味噌新鮮的香氣就會散失，味道也會覺得不太乾淨。

餐桌上如果有白飯和味噌湯時，通常都會想先喝口暖暖的味噌湯。這種時候要是味噌湯太燙就糟了，要是湯滾太久，燙到沒辦法入口，就無法體會味噌湯的美味了。

如果是在最佳狀態下起鍋的味噌湯，端到餐桌上時剛好是最適合入口的溫度。一頓飯就從喝一口溫暖的味噌湯開始，「嗯，真好喝。」這種舒心的感覺正是味噌湯的美味所在。

Q
75

經常想不出便當菜，很容易就倚賴冷凍食品

· ANSWER ·

比方青椒炒牛肉、燙青菜拌柴魚片之類，
其實用家常菜帶便當就行了。

便當菜基本上就是很一般的家常菜。多年來我都幫家人帶便當，現在也做自己的便當，但我都是用平常覺得好吃的菜，然後針對帶便當花點心思調整而已。

比方說，牛肉炒紅椒。把紅椒切成一至兩公分的片狀，快炒一下起鍋，再將切成一口大小的牛肉片下鍋炒，用醬油和蠔油（或是加味醂）調味後，把紅椒回鍋拌炒均勻。從切蔬菜算起，大概五分鐘就能做好的簡單菜色，不但色彩豐富，而且涼了一樣好吃。

另外，馬鈴薯燉肉、味噌醃大頭菜也是理想的便當菜，糙米飯加一顆荷包蛋再淋上醬油，這是我最愛的吃法，我也曾經這樣帶便當。

搭配的小菜也是日常菜色的延伸。蔬菜金平（見第一八四頁）就是便當菜的出色配角。另外用一點醬油沾溼柴魚片，鋪在燙熟的小松菜或青花菜上方，這也是我的拿手絕招。不用事先拌好，而是在吃的時候，感覺到沾著柴魚片醬油的水分，更加美味。其他像是鹽漬高麗菜擰乾水分也能帶便當，如果已經帶了重口味的肉類或魚類時，也可以搭配汆燙的豌豆莢或是秋葵。**便當天天要做，千萬別感覺壓力太大，輕鬆面對就好。**

醬燒雞肉便當的作法，是先在便當盒底部盛飯，鋪上撕碎的海苔，接著放上醬燒雞肉，以及幾種配菜。最後依個人喜好撒上芝麻、七味辣椒粉。

左上／雞腿肉切成一口大小，在加了油的平底鍋上煎熟。加入楓糖漿、醬油調味。

左下／糯米椒在加了油的平底鍋裡快炒一下，並撒點鹽。蒸蔬菜則是清蒸青花菜、高麗菜和紅蘿蔔。至於柴魚醬油拌菠菜，則是在燙熟的菠菜上鋪點淋醬油沾溼的柴魚片。

Q
76

如何在忙碌的早上，
做一頓不費時又營養均衡的早餐？

· ANSWER ·

介紹我自己平常的早餐。用一只鍋子五分鐘就能完成。

我不太能早起。卻不會因為這樣而「不吃早餐」，反倒藉由攝取蔬菜、蛋白質、碳水化合物都均衡的早餐，在動嘴的同時，讓腦袋跟身體也逐漸清醒。

早上最希望吃到不用費太多工夫也像樣的早餐。最近我很喜歡的是用一只鍋子就能做的清蒸料理。

在鍋子裡加入三至四公分高的水，然後放進一只比鍋子小一圈的篩網，蓋上鍋蓋開火，煮到水沸。接著在能放進鍋子裡的篩網或盤子裡，放入蛋、香腸、冷凍的麵包、青花菜或櫛瓜或番茄等時令蔬菜。整份食材放在冒著蒸氣的鍋中篩網上，蓋上鍋蓋蒸五分鐘。

五分鐘後打開鍋蓋——麵包已經鬆軟，蔬菜恰好蒸熟，雞蛋則是蛋白凝固而蛋黃黏稠的最佳狀態，這道清蒸雞蛋，非常好吃，推薦給你。

「清蒸」這種調理方式，能讓食材比水煮或熱炒都更快熟，而且會讓食材的味道更濃郁。因為我家中沒有蒸鍋，平常都用鍋子加篩網的方式。如果家裡人多，當然可以用大尺寸的鍋子和篩網來做。

早餐建議用「清蒸」調理。5分鐘就能做好營養均衡的餐點。

左上／就算沒有蒸鍋，也可以用鍋子＋小篩網＋淺篩網（或盤子）來「清蒸」。等到鍋子裡的水煮沸，就將盛裝麵包、雞蛋、蔬菜的淺篩網放進蒸鍋裡的篩網上，蓋上鍋蓋加熱5分鐘（為了容易理解，照片上是水沸騰前的狀態）。

左下／冷凍的麵包不需解凍，可以直接蒸。蒸到膨鬆軟嫩的麵包，沾著果醬或是橄欖油、蜂蜜都好吃。蒸蔬菜也能當作便當菜。

Sel Fin

Q 77

不用靠市售醬汁，也能迅速完成義大利麵？

・ANSWER・

我推薦在煮麵的同時就能準備好醬汁的小番茄義大利麵。

如果能在煮麵的同時把醬汁一起準備好，是不是很棒呢？介紹一道我很愛的義大利麵，是用很多新鮮小番茄做的。清新又美味。

在鍋子裡裝大量水加熱。兩百公克的義大利麵就需要兩公升的熱水。

在煮水的同時將小番茄去蒂，對半切開。

在煮水的鍋子旁邊的爐台上放平底鍋，製作醬汁。倒入橄欖油，加入壓碎的大蒜，並用小火加熱。大蒜炒香之後把小番茄以切口朝下排放在平底鍋裡，從上方淋橄欖油，然後調整到中火。

煮麵鍋裡的水煮沸後加鹽（一公升熱水加三分之二大匙）。做蔬菜義大利麵時，先試一下煮麵的熱水，鹽要加到覺得稍微有點鹹。義大利麵下鍋，攪拌一下，設定好計時器開始煮麵。我平常會比包裝袋上標示的時間少煮兩分鐘。

醬汁中的小番茄稍微煮得軟爛後，用鍋鏟輕輕壓碎。義大利麵煮好之後放進醬汁的鍋子裡，和小番茄醬汁拌勻。如果義大利麵的鹹味不夠，可以在這時撒點鹽。這樣就完成了。

差不多十分鐘就能做好的小番茄義大利麵，好吃到我百吃不厭。

在煮麵的同時就能完成的新鮮小番茄醬汁。記得先把小番茄對半切好，然後再開始煮麵。

左上／在煮義大利麵的熱水鍋旁邊同時開一爐做醬汁。在加了大量橄欖油的鍋子裡加入兩、三瓣壓碎的大蒜，用小火慢炒，然後把去蒂且切成一半的小番茄（200 公克的義大利麵使用約 30 顆）以切口朝下的方式排放進鍋子裡。

左下／小番茄用中火加熱，熟了之後用鍋鏟輕輕壓碎。義大利麵煮好之後放入醬汁鍋裡，和醬汁拌勻。不用瀝乾義大利麵的水分，讓適量的熱水加入醬汁裡，混入油中，使麵條容易沾上醬汁。要是味道太淡，可以再加少許鹽。

04 第四章

工具與清理

Q
78

挑選菜刀有技巧，
怎麼選才好呢？

· ANSWER ·

一把萬能的三德刀，加上小菜刀，有這兩種就夠了。

如果不想有太多工具的話，菜刀只需要兩把，也就是兩種就夠了。

首先是三德刀。這是廚房裡最基本的一款菜刀。刀刃長度在十六公分左右，有一定的寬度與長度，因此要切整顆高麗菜或是白菜都沒問題。當然，切洋蔥末、切蘿蔔絲，或是切肉都可以，堪稱萬用刀。

另一款是小菜刀。刀刃長度在十二公分左右。除了削去生薑外皮、切蔥花之外，也可以用來片竹筴魚，靈活好用，就像是手的延伸。只要有這兩種刀，基本的家常菜都做得出來。

菜刀的握柄粗細與長度各有不同，挑選時記得要親自握握看，找出拿起來最順手的。

菜刀夠利、切好的蔬菜剖面夠整齊漂亮的話，做出來的菜也覺得更好吃。「我對廚藝實在沒信心，隨便用把刀就好了。」有人會這麼想，其實剛好相反。**刀子利不利會大大影響料理的味道**。因此，要用一把順手好切的刀子，如果能切出細細的蘿蔔絲，光是這樣就會改變味噌湯的口味。

三德刀的三德代表「三種用途」的意思。也就是無論肉類、魚類、蔬菜都能全方位使用的刀。小菜刀用起來很靈活，是當作手的延伸。不但能用來削蔬菜、水果的外皮，用小菜刀來片魚的話，可以輕鬆將刀刃滑進魚骨與魚肉之間，切得整齊漂亮。

左下／用小菜刀就能簡單削去蘆筍根部的硬皮。從根部往穗尖的方向，削去下方 ⅓ ～ ½ 外皮。

小菜刀
三德刀

Q
79

想讓下廚更方便，什麼調理工具是必備的？

· ANSWER ·

調理盤。有了調理盤，事前處理食材會輕鬆許多。

好像很多人家裡有調理盆、篩網，卻沒有調理盤。少了調理盤，在做菜的流程上的確沒那麼順暢。

有了調理盤，就能將肉攤平，完整均勻事先調味。還可以暫放切好準備要下鍋炒的青菜。包好的餃子也能整齊排放好。海瓜子要吐沙時非常好用，因為放在調理盤裡不會重疊。肉類、魚類要用調味料或香草醃漬時也超方便……。總之，調理盤的用途真的數都數不盡。

要是有多個調理盤，做油炸料理沾裹麵衣時也很輕鬆。把麵粉、蛋液、麵包粉分別裝在調理盤裡，一字排開，依序沾裹麵衣就完成了。換句話說，作業變得流暢了。此外，由於調理盤四四方方，多個並排時不會占多餘的空間，在作業檯面上會比起用調理盆更有效率。

如果有當作調理盤上蓋的淺盤，蓋上蓋子時就能將調理盤重疊起來，更省空間。要是有能夠套在調理盤上的方形濾網，燙蔬菜時可以讓蔬菜散熱，或是放了魚肉之後撒鹽放冰箱。調理盤、方形濾網、淺盤的三件組非常方便。**這些工具一定要挑不鏽鋼材質，不鏽鋼材質容易清洗，而且很快降溫，放進冰箱時可以確保食材的新鮮。**

Q
80

鬃刷及海綿，
如何常保清潔呢？

· ANSWER ·

鬃刷和海綿都要清洗乾淨。放置的地方也很重要。

除了餐具之外，我在廚房裡清洗時幾乎都使用鬃刷。鍋子、平底鍋、砧板也是用鬃刷清洗。因為很常用，要挑自己覺得好握的尺寸和形狀。近來市面上有各式各樣的鬃刷，最好試試看，細細體會哪一種好用。

其中我覺得用日本國產棕櫚製成的鬃刷柔軟中帶有韌性，跟外國製的產品用起來的感覺真的差很多。日本國產棕櫚稀少，價格也不低，但能用非常久。

鬃刷容易卡到飯粒等雜物，所以用完之後記得在掌心上刷幾下，把卡在中間的雜物清掉。如果家裡有兩把鬃刷，也可以用鬃刷互相清潔。海綿也是每天要用的必備品，記得挑選觸感好的，用完之後要以水沖洗乾淨。

鬃刷和海綿都要保持清潔的狀態。因為要瀝乾水分，我會放在瀝水籃的角落。瀝水籃只是個中繼站，碗盤、工具清洗好先暫放在瀝水籃，然後就會馬上擦乾收起來，空蕩蕩的瀝水籃就成了鬃刷的貴賓席。

如果要放在其他地方，像是水槽上方的角落，或是立起來、吊起來方便瀝乾水分也可以。海綿類雖然有些市售的專用容器，但容器本身一下子就髒了，不要另用容器反倒比較衛生。

鬃刷選擇能握在手裡的小尺寸會比較好用。由於在清洗牛蒡等蔬菜時也能使用鬃刷，推薦挑選日本國產棕櫚製造，質地柔軟的產品。

左上／長鬃刷適合用來清洗砧板、平底鍋和鍋子。也可以清洗牛蒡之類的蔬菜。小尺寸鬃刷則在清洗飯碗、馬鈴薯等小東西時很方便。

左下／家裡要是有兩把鬃刷，可以在水龍頭底下互刷清洗，去除髒汙。

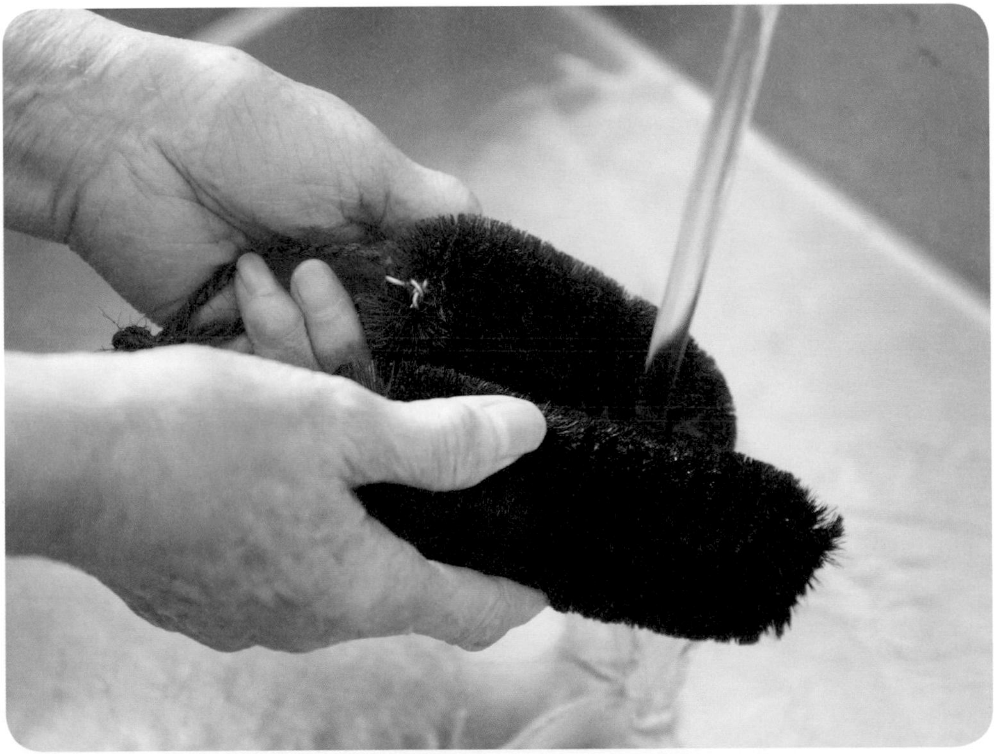

Q
81

砧板的清潔維護，該怎麼做才是對的？

· ANSWER ·

用鬃刷以水清洗。只要還有氣味殘留就是沒清潔乾淨。

沾附在砧板上的髒汙都是些什麼東西呢？如果只是切菜，用鬃刷稍微刷一下，再用水沖洗即可。如果是肉類或魚類這些蛋白質，就要用鬃刷用力刷洗，再用水沖乾淨。蛋白質類的髒汙如果用熱水洗會凝固，因此用清水洗就好。

砧板如果沾了油脂，就先用鬃刷沾一點點清潔劑用力把油脂刷掉，然後再用鬃刷和清水洗乾淨。洗完之後用手掌觸摸，確認是否還有髒汙殘留。記得再聞一下，如果覺得仍有異味，就代表髒汙殘留，要繼續洗乾淨。用眼、鼻、手總動員來檢查。

確定洗乾淨之後就用抹布擦拭水分，然後以便於乾燥的狀態立起來放。等到完全乾燥後，放回砧板架上收好。順帶一提，我家裡廚房的櫥櫃裡，幾塊砧板都是立起來放。因為「立起來放乾」、「立起來收放」的關係，砧板最好選有點厚度，能夠單獨立起來的。

還有，**木質砧板曬太陽會變形，記得要放在陰涼處風乾。**

Q
82

做完菜收拾清理好麻煩，有提升效率的祕訣嗎？

· ANSWER ·

該清洗的東西盡量不要累積太多。一旦累積太多，就先從「瀝水籃」裡頭開始收拾。

想要一次集中收拾整理，但水槽裡跟水槽周圍堆積如山的髒碗盤，一看到這麼多需要清理的東西就煩……。這種想法我也不例外。所以我建議不要堆太多想一次整理，最好是一點一點收拾。

調理盆、鍋子，在邊做菜時就清洗收拾。例如燒熱水的時候、燉煮的期間等等，做菜時其實雙手空出來的時候比想像中來得多。利用這些空檔清洗，放進瀝水籃裡，然後擦乾，收放——可以做這麼多事。瀝水籃只是個中繼站。最好養成把餐具、工具放到瀝水籃之後馬上擦乾的習慣。這麼一來，等到上桌吃飯時，水槽裡和瀝水籃之中已經完全淨空，這是最理想的狀態。

不過，有時還是難免一下子就堆滿了該清洗的東西。遇到這種狀況，一開始該從哪裡下手呢？就是瀝水籃。從清空瀝水籃開始，接著清洗易碎的碗盤和餐具，至於鍋子跟平底鍋，在水槽裡空無一無的狀態下，才能夠徹底清洗，所以留到最後。

在廚房裡最重要的是「順暢」，不要停滯。例如，水槽裡的排水孔要是堆積了廚餘，就從這裡開始清理。**先從造成停滯、妨礙廚房作業順暢的地方著手。讓整個流程順暢**，這一點非常重要。

Q
83

提不起勁做飯時，
該怎麼辦呢？

· ANSWER ·

我也會遇到這種狀況。這時候別想太多，
先洗菜吧。

我當然會有什麼都不想做的時候。感覺疲憊，或是懶洋洋沒什麼精神。心想著傾聽身體的聲音，看當下想吃什麼，或許吃飽了就能恢復健康。實際上卻是精神差到連身體的聲音也聽不到……偶爾會遇到這種狀況。

這時候該怎麼辦呢？唯一的解方還是吃自己做的菜，讓身體活過來。要是仍覺得做菜好麻煩，不如別用腦子想，先動手吧。就算還沒決定要做什麼，總之先洗顆馬鈴薯，先洗把青菜。這時，把廚房裡現有的蔬菜挑好、洗好，泡冷水保持爽脆，在動手的同時逐漸也開始用心、用腦。馬鈴薯，蒸了做洋芋沙拉好了，青菜燙起來拌芝麻……就像這樣，靈感逐漸湧現。

或者，什麼都不想，先穿起圍裙再說。這會有意想不到的效果。套上圍裙，繫緊綁帶，自然而然就會提起幹勁。穿好圍裙打開冰箱，「對了，來做這道紅燒菜吧。」我經常就這樣不知不覺做起常備菜。用這種方式，逐漸提振自己的心情。

Q
84

家裡廚房又小又窄，怎麼做才能變得比較順手？

· ANSWER ·

所謂「好用」並不是廚房大小的問題。重點是要保有足夠的作業空間。

什麼樣的廚房算是好用的廚房呢？

能隨時取用需要的東西，這一點很重要。每個人的喜好不同，有些人喜歡把用具和調味料都放在外面（展示型收納）。我習慣在空無一物的廚房裡，只拿出當下使用的工具和食材，這樣作業起來比較順暢。因此，基本上東西都收在櫃子裡。

至於要把哪些東西收納在哪裡，每個家庭都不同。其實我也會經常更動收納的內容，想到「放在這裡好像會比較方便」，就會變動工具收放的地方和擺法。一旦覺得「有點礙手礙腳」就會試著改變。一再反覆之下，總算訂出了「此刻最適合自己的廚房」的模樣。

而我覺得最重要的一點，就是保有足夠的作業空間，也就是作業檯面。**無論廚房寬敞或窄小，好用的大前提就是有一定的作業檯面。**

哪怕得減少東西，也要保有作業檯面。要是作業空間小，可以改用小一點的砧板或是瀝水籃，把空間留給作業檯面，這也是一種方法。或者放個層架推車，在調理時能暫放食材、工具，當作輔助的作業檯面。

Q
85

廚房裡的工具、調味料和食材，經常搞不清楚收到哪裡去

· ANSWER ·

建議先把工具類和食品類分清楚。

廚房裡通常會有烹飪工具、食品，以及餐具類。餐具多半會收放在櫃子裡，但不少家庭裡的工具跟食品並沒有分開。

其實只要在決定收放地點時，將工具和食品兩類清楚劃分就行了。東西的分類是一門大學問。食品，除了乾貨、罐頭之外，其他像是米、儲備的調味料、香料、乃至於飲用水，這些會進到口中的都算。

我家的廚房旁邊有個小空間，就當作食物儲藏間。名為儲藏間，其實只是能容下一個人站立的小空間。牆壁上訂做了ㄈ字形的架子，可以放一整排瓶裝調味料，以及放在罐子裡的乾貨。

站在ㄈ字形的層架間，對於哪裡有什麼東西一目瞭然。因為是沒有櫃子門的層架，層架刻意做得比較淺。若是層架一深，經常會忘記後排放的東西。這間食物儲藏間雖然算是廚房的延伸，卻位於從廚房外看不到的位置。因此就算儲藏間裡東西多而雜亂，廚房看起來仍然簡潔清爽。

多年來我搬過幾次家，有的家裡會有一個當作儲藏室的房間，有時候只有一台層架推車來收放食物。總之，食物一定會分開收放。光是這個步驟就能讓廚房變得好用且方便管理。

國家圖書館出版品預行編目 (CIP) 資料

料理研究家的廚房小事百科 / 有元葉子著；葉韋利 譯 . -- 初版 . -- 新北市：幸福文化出版社出版：遠足文化事業股份有限公司發行，2021.05
面； 公分
譯自：レシピ以前に知っておきたい 今さら聞けない料理のこつ
ISBN 978-986-5536-50-3(平裝)
1. 飲食 2. 烹飪

427 110004215

0HAP0066

料理研究家的廚房小事百科

レシピ以前に知っておきたい 今さら聞けない料理のこつ

作　　者：有元葉子
攝　　影　三木麻奈、中本浩平（P.21、P.61 下）
譯　　者：葉韋利
責任編輯：林麗文
特約編輯：黃馨慧
封面設計：萬亞雰
內頁設計：王氏研創藝術有限公司
印　　務：黃禮賢、李孟儒

總 編 輯：林麗文
副 總 編：梁淑玲、黃佳燕
行銷企劃：林彥伶、朱妍靜

社　　長：郭重興
發行人兼出版總監：曾大福
出　　版：幸福文化／遠足文化事業股份有限公司
地　　址：231 新北市新店區民權路 108-1 號 8 樓
網　　址：https://www.facebook.com/happinessbookrep/
電　　話：(02) 2218-1417
傳　　真：(02) 2218-8057

發　　行：遠足文化事業股份有限公司
地　　址：231 新北市新店區民權路 108-2 號 9 樓
電　　話：(02) 2218-1417
傳　　真：(02) 2218-1142
電　　郵：service@bookrep.com.tw
郵撥帳號：19504465
客服電話：0800-221-029
網　　址：www.bookrep.com.tw

法律顧問：華洋法律事務所 蘇文生律師
印　　刷：凱林印刷股份有限公司

初版一刷：2021 年 5 月
定　　價：420 元